Chakresh Kumar
Ghanendra Kumar

Transmissão de luz ótica no vácuo

Chakresh Kumar
Ghanendra Kumar

Transmissão de luz ótica no vácuo

Imprint

Any brand names and product names mentioned in this book are subject to trademark, brand or patent protection and are trademarks or registered trademarks of their respective holders. The use of brand names, product names, common names, trade names, product descriptions etc. even without a particular marking in this work is in no way to be construed to mean that such names may be regarded as unrestricted in respect of trademark and brand protection legislation and could thus be used by anyone.

Cover image: www.ingimage.com

This book is a translation from the original published under ISBN 978-620-8-11838-9.

Publisher:
Sciencia Scripts
is a trademark of
Dodo Books Indian Ocean Ltd. and OmniScriptum S.R.L publishing group

120 High Road, East Finchley, London, N2 9ED, United Kingdom
Str. Armeneasca 28/1, office 1, Chisinau MD-2012, Republic of Moldova, Europe
Printed at: see last page
ISBN: 978-620-8-20024-4

ÍNDICE DE CONTEÚDOS

CAPÍTULO 1: INTRODUÇÃO

1.1 Antecedentes

A ótica de espaço livre é a tecnologia em que o sinal é transmitido através do espaço livre sob a forma de luz. A FSO transmite os dados de um local para outro sem fios. Por conseguinte, reduz o custo da rede, uma vez que não utiliza fibras ópticas para a transmissão a longa distância. É um sistema mais seguro. Pode ligar uma vasta área num tempo mínimo de instalação. O FSO constitui uma alternativa aos sistemas de fibra ótica para aplicações de última milha.

A multiplexagem densa por divisão de comprimento de onda é uma técnica que pode combinar sinais de múltiplos comprimentos de onda numa fibra ótica com um espaçamento entre canais inferior a 1 nm.

Atualmente, existe uma grande procura de largura de banda e de débito de dados elevados a baixo custo. O número de utilizadores está a aumentar de dia para dia, exigindo uma velocidade elevada da Internet para resolver problemas como a videoconferência para fins comerciais, de estudo e de comércio eletrónico, etc. É necessário um sistema com elevada capacidade de transmissão e elevado débito de dados. Propus um sistema que nos dá uma elevada largura de banda e uma elevada taxa de dados. No DWDM, o número de canais aumenta com a redução do espaçamento entre canais, o que nos permite aumentar a capacidade de largura de banda do sistema, e a utilização da tecnologia FSO aumenta a taxa de dados, porque o sinal ótico, sob a forma de luz visível ou de banda de frequências IR, é transmitido através do espaço livre à velocidade da luz. Não é necessário adquirir licenças de espetro para a transmissão, o que reduz os custos. Por conseguinte, consegue-se um elevado débito de dados, uma elevada largura de banda e um sistema de baixo custo utilizando o sistema FSO baseado em DWDM.

Os sistemas de comunicação DWDM FSO podem melhorar o desempenho em transmissões de longa distância. O esquema DWDM permite comunicações de elevado débito de dados através da multiplexagem de múltiplos utilizadores. A multiplexagem por divisão de comprimentos de onda densos tem um espaçamento entre canais inferior a 1 nm. A combinação híbrida destas duas técnicas proporciona uma elevada largura de banda e um elevado débito de dados.

Devido à maior distância de transmissão, ocorrem fenómenos de dispersão. A dispersão afecta o desempenho do sistema de comunicação. Para melhorar a funcionalidade do sistema, utilizamos a técnica de compensação da dispersão no sistema proposto.

1.2 Evolução de DWDM

1. Na década de 1980, consistia em dois canais WDM de banda larga. Os comprimentos de onda de 1310 nm e 1550 nm são mais espaçados.
2. No início da década de 1990, surgiu a segunda geração. Esta geração é conhecida como WDM de banda estreita. Contém dois a oito canais e tem um espaçamento entre canais de 400 GHz.
3. Em meados de 1990, é constituído por 16 a 40 canais com um espaçamento entre canais de 100 a 200 GHz.
4. No final dos anos 90, pode transmitir dados de 64 a 160 canais com espaçamento entre canais de 25 ou 50 GHz.

1.3 Procura de largura de banda

A procura de largura de banda está a aumentar à medida que aumenta a utilização da Internet pelos utilizadores. Atualmente, os utilizadores estão ligados a plataformas como o twitter, o youtube, o facebook, o whatsapp e o instagram, etc. Escritórios electrónicos, marketing eletrónico, entretenimento, blogues, notícias, todas estas aplicações consomem formatos de vídeo e voz para ligar vários utilizadores. O formato de vídeo requer taxas de dados mais elevadas para uma boa qualidade e, para uma clareza de voz impecável, é necessária uma maior capacidade de largura de banda para transmitir este sinal em simultâneo. Para satisfazer a procura futura, é necessário um sistema que satisfaça estas necessidades.

A lei de Nielsen dá-nos a ideia, após análise experimental, de que a velocidade de ligação cresce cinquenta por cento por ano [1].

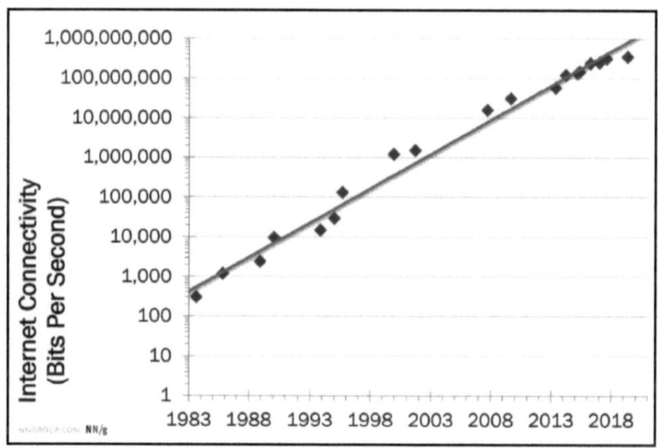

Fig. 0.1 Crescimento anual da largura de banda de acordo com a lei de Nielsen [1].

1.4 Aplicações dos sistemas FSO

1.4.1 Sistema de ensino

Atualmente, o estudo em linha está a aumentar. Os estudantes ligam-se aos professores através do modo em linha por voz e vídeo. O sistema FSO pode ser implantado no edifício do campus para fornecer instalações de Internet de alta velocidade a baixo custo sem utilizar a instalação de cabos de fibra ótica.

1.4.2 Backup na ligação de fibra

Pode ser utilizado como ligação de reserva se a ligação de fibra estiver avariada.

1.4.3 Militar

Este sistema é mais seguro porque o sinal está em forma ótica e não pode ser pirateado por um hacker para roubar informações confidenciais. Pode ser instalado em menos tempo e cobrir uma grande área.

1.4.4 Rede de recuperação de desastres

Por vezes, um local afetado por calamidades naturais, como inundações e ciclones, pode ficar sem sistema de fibra ótica. Nesta situação crítica, para enviar informações sobre estes locais às autoridades, de modo a que estas os possam ajudar, estes sistemas podem ser implantados num período de tempo mais curto e criar uma nova rede para ligar ao mundo exterior.

1.4.5 Câmaras de vigilância

O sistema FSO pode fornecer uma elevada qualidade de vídeo para apoiar as câmaras utilizadas para fins de vigilância.

1.4.6 Hospital do futuro

Podemos ligar médicos, sensores, computadores pessoais e dispositivos médicos através deste conceito de hospital do futuro, utilizando a técnica FSO [2].

1.4.7 Internet dos veículos (IOV)

Comunicação veículo a veículo para reduzir os acidentes em condições de nevoeiro.

1.5 Vantagens dos sistemas FSO

1. Até à data, não tem qualquer licença. Reduz o custo deste sistema e o tempo de instalação.
2. É um sistema mais seguro porque o sinal não pode ser detectado por medidores de RF ou analisadores de espetro devido à caraterística de alta direccionalidade do laser FSO.
3. Sistemas FSO não afectados por interferências electromagnéticas.
4. Proporciona uma taxa de dados mais elevada e uma taxa de erro de bits mais baixa.
5. A transmissão de dados no espaço livre é menos demorada do que a transmissão de dados na forma ótica. O sinal ótico propaga-se à velocidade da luz. [3]
6. Estes sistemas têm um custo mais baixo em comparação com a rede de fibra ótica devido à transmissão do sinal no espaço livre e reduzem o custo da fibra ótica.
7. Pode ser instalada numa zona onde é impossível instalar uma rede com fios, como numa zona montanhosa.
8. Proporciona uma elevada largura de banda.
9. Consome menos energia.

1.6 Limitações

1. O transmissor e o recetor devem estar em linha de vista para uma transmissão precisa.

2. Obstáculos como a chuva, o nevoeiro e as nuvens podem afetar o desempenho do sistema.

1.7 Parâmetros a considerar antes da conceção de sistemas FSO

1.7.1 Atenuação atmosférica

A atenuação atmosférica devida ao nevoeiro e à chuva deteriora o desempenho do sistema FSO. Reduz o nível de potência do sinal recebido na secção recetora. A lei de Beers-Lambert estabelece a relação entre a atenuação e a distância da ligação. A atenuação varia consoante a variação das condições atmosféricas. É expressa pela lei de Beers-Lambert na eq.(1.1) [4]:

$$P_R = P_T \, e^{(-ax)} \tag{1.1}$$

P_R = Potência recebida

P_T = Potência transmitida

α = Coeficiente de atenuação atmosférica

x = Distância da ligação (km)

A atenuação atmosférica depende de factores como a dispersão, a visibilidade da ligação e a absorção. Estes factores dependem da presença de partículas no espaço livre. As condições atmosféricas de nevoeiro e chuva afectam os parâmetros de desempenho do sistema FSO.

A absorção atmosférica depende do comprimento de onda. A dispersão varia de acordo com o raio das partículas presentes no espaço livre. A dispersão de Rayleigh ocorre quando o raio é menor que o comprimento de onda. A dispersão de Mie ocorre quando o raio da partícula é aproximadamente igual ao comprimento de onda. As gotas de nevoeiro e as gotas de chuva são partículas dispersoras. A dispersão geométrica ocorre quando o raio da partícula é superior ao comprimento de onda.

1.7.2 Nevoeiro

Parâmetros de nevoeiro responsáveis pela atenuação:

- Tamanho das partículas
- Teor de água no estado líquido
- Temperatura
- Humidade

A dimensão das partículas de nevoeiro é aproximadamente igual ao comprimento de onda, pelo que ocorre a dispersão de Mie. O comprimento de onda de referência da gama de visibilidade é 550 nm. O modelo de Kruse, Kim é utilizado para avaliar a atenuação do nevoeiro com valores de visibilidade de ajuda [4], [5].

Atenuação do nevoeiro dada pela eq (1.2) :

$$\alpha_{\text{fog}} = \frac{3.91}{V} \left(\frac{\lambda}{550 \text{ nm}}\right)^{-\alpha}$$

(1.2)

V= alcance de visibilidade em km

λ= comprimento de onda de funcionamento (nm)

α= coeficiente de distribuição de tamanho da dispersão

No modelo de Kruse, α é dado por:

$$\alpha = \begin{cases} 1.6 & V > 50\ km \\ 1.3 & 6\text{km} < V < 50km \\ 0.581V^{\frac{1}{3}} & V < 6km \end{cases}$$

(1.3)

De acordo com o modelo de Kim, α é dado por

$$\alpha = \begin{cases} 1.6 & V > 50\ km \\ 1.3 & 6\text{km} < V < 50km \\ 0.16V + 0.34 & 1\text{km} < V < 6km \\ V - 0.5 & 0.5\text{km} < V < 1\text{km} \\ 0 & V < 0.5km \end{cases}$$

(1.4)

1.7.3 Chuva

A atenuação da chuva não pode ser prevista. A chuva actua como obstáculo no caminho do sinal ótico que é transmitido pelo transmissor do sistema FSO. A atenuação da chuva não depende do comprimento de onda. É diretamente proporcional à intensidade da precipitação R (mm/hora). A relação da atenuação da chuva é expressa pela equação de Carbonneau na eq. (1.5) [6].

$$A_r = 1.07\, R^{\,0.67} \tag{1.5}$$

A_r= Atenuação da chuva em (dB/km)

R = Taxa de precipitação em (mm/h)

A atenuação aumenta com o aumento da taxa de precipitação.

1.8 Margem de ligação

A margem da ligação é um parâmetro muito importante. A avaliação da margem de ligação é necessária antes da conceção de um sistema FSO.

1.9 Seleção do comprimento de onda ótico em sistemas FSO

1.9.1 Segurança ocular

1. A segurança dos olhos deve ser considerada em primeiro lugar para a seleção do comprimento de onda ótico.
2. Os raios laser não incidem na retina com um comprimento de onda de 1550 nm, mas são absorvidos pela córnea e pelo cristalino.
3. O transmissor laser do tipo Classe 1M é seguro para os olhos. Protocolos padrão de segurança ocular definidos pela Comissão Eletrotécnica Internacional (IEC).

1.9.2 Parâmetros de desempenho

1. Proporciona uma potência laser cinquenta vezes mais segura e aceitável do que o comprimento de onda de 780 nm. De acordo com estudos anteriores, conclui-se que o aumento da potência laser pode aumentar a distância de transmissão e melhorar a taxa de dados.
2. De acordo com o protocolo de segurança ocular, a disponibilidade de transmissão de energia a 1550 nm é cinquenta vezes superior. Pode melhorar as caraterísticas de penetração através de condições atmosféricas semelhantes ao nevoeiro. Pode reduzir a taxa de erro de bits.

1.9.3 Disponibilidade de dispositivos

1. Amplificadores ópticos e fotodetectores facilmente disponíveis para 1550 nm. São os principais componentes de conceção do sistema FSO. O amplificador ótico pode aumentar o nível de potência de um sinal fraco e reduzir o fator de dispersão.
2. A grande variedade de componentes WDM disponíveis a 1550nm pode aumentar a capacidade de largura de banda do sistema, proporcionando a multiplexagem de múltiplos canais.

1.10 Amplificador ótico

1.10.1 Amplificador de fibra dopada com érbio

O amplificador de fibra dopada com érbio consiste numa fibra de sílica dopada com iões de érbio (Er^{3+}). Quando o material de érbio é excitado com a ajuda de um laser de bomba de 980 nm ou 1480 nm no processo final, emite fotões na gama de 1525 a 1565 nm.

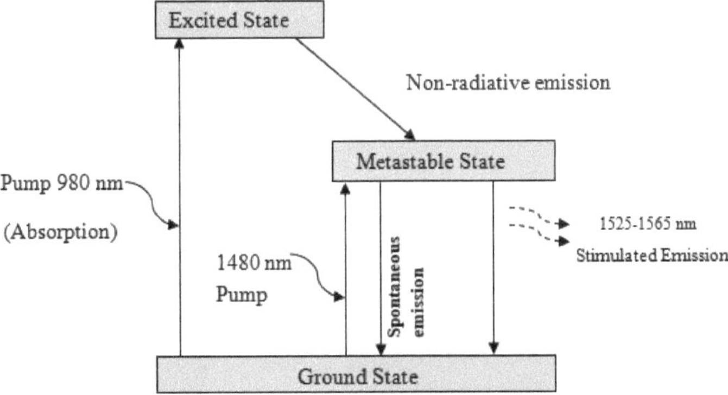

Fig. 0.2 Princípio de funcionamento do EDFA

A bomba de 980nm tem baixo ruído e é facilmente filtrada na secção recetora, pelo que é melhor do que o laser de bomba de 1480nm.

Princípio de funcionamento do EDFA

1. Os electrões são excitados do estado fundamental para um estado excitado de nível energético mais elevado por um laser de bomba de 980 nm. No estado excitado, os electrões permanecem durante um curto período de tempo, pelo que caem no estado metaestável. Quando os electrões passam do estado excitado para o estado metaestável, libertam energia, mas esta é de natureza não radiativa.

2. Um fenómeno de inversão da população é responsável pela amplificação da luz. O tempo de vida dos electrões é maior no estado metaestável do que no estado excitado, o que faz com que haja um maior número de electrões disponíveis no estado metaestável.

3. Por vezes, o eletrão do estado metaestável cai para o estado fundamental e emite radiação sob a forma de fotões. Esta emissão espontânea não segue a mesma direção dos fotões que chegam. A sua direção é aleatória na natureza. Assim, este fotão emitido interfere com outros electrões disponíveis no estado metaestável e estes electrões caem para o estado fundamental, pelo que o fotão libertado com um comprimento de onda de 1550 nm dá origem a uma emissão estimulada. O comprimento de onda e a direção destes fotões emitidos variam em função do sinal de entrada.

4. O fotão emitido por emissão estimulada é adicionado ao sinal ótico de entrada com o mesmo comprimento de onda e direção. Provoca a amplificação do sinal.

Vantagens do EDFA

1. O EDFA pode amplificar o espetro de frequência de 1530nm a 1565nm.

2. Facilmente disponível comercialmente em banda convencional.

3. Proporciona um ganho elevado até 50 dB.

4. Tem uma figura de ruído inferior de 4,5 dB a 6 dB, pelo que pode ser utilizado para a transmissão de sinais de longo curso.

5. Pode amplificar o sinal simultaneamente em caso de multiplexagem por divisão de comprimento de onda.

6. Imune ao problema de diafonia entre vários canais.

7. No EDFA, os factores de utilização de alta potência da bomba tornam-no mais eficiente.

Desvantagens

1. A bomba laser é necessária para o funcionamento.

2. O tamanho do EDFA não é mais pequeno.

1.10.2 Amplificador Raman

O amplificador Raman utiliza fenómenos de dispersão Raman estimulada para fins de amplificação. No amplificador Raman, a gama do espetro de ganho operacional pode ser variada utilizando um laser de bomba de múltiplos comprimentos de onda. A fibra ótica actua como meio de ganho, onde o sinal ótico de entrada interage com o sinal do laser de bomba. A onda ótica do laser de bomba do amplificador Raman produz vibrações no material da fibra ótica, devido às quais esta luz incidente se converte em frequências mais baixas e mais altas. As ondas de frequência mais baixa são conhecidas como ondas stokes e as ondas de frequência mais elevada são conhecidas como ondas anti-stokes. Estas vibrações ocorrem devido à troca de energia entre os fotões e as moléculas do material da fibra ótica.

O material dopante utilizado para conceber o núcleo da fibra é responsável pelo ganho Raman.

Os fenómenos de conversão de energia dependem do ganho Raman. Na dispersão para a frente existe o problema da conversa cruzada, pelo que a dispersão para trás é preferível para a amplificação no amplificador Raman

Vantagens do amplificador Raman

1. Tem menos ruído.

2. Pode fornecer uma gama de espetro de ganho de banda larga.

Limitações do amplificador Raman

1. Requer uma potência elevada da bomba.

2. Existe um problema de diafonia entre canais.

1.11 Diagrama de blocos do sistema DWDM FSO proposto

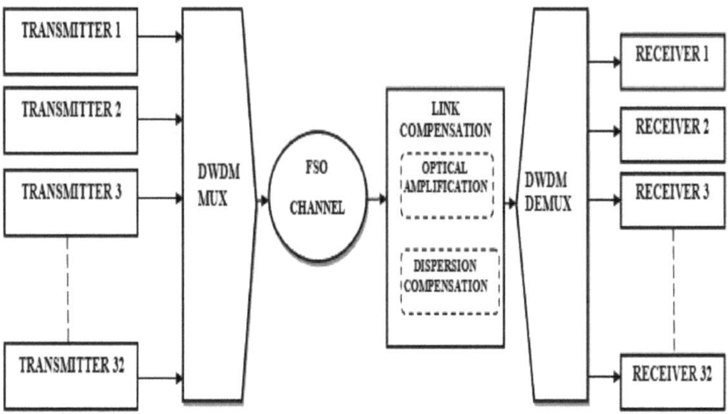

Fig. 0.3 Diagrama de blocos do sistema FSO DWDM proposto utilizando diferentes técnicas de amplificação ótica e de compensação da dispersão .

1.12 Os principais componentes do sistema DWDM FSO

1.12.1 Transmissor

A secção do transmissor é constituída por um gerador de sequências pseudo-aleatórias, um gerador de impulsos NRZ, um modulador Mach-zehnder e um laser CW. A secção do transmissor modula os dados de origem. A modulação é efectuada pelo modulador Mach-zehnder.

1.12.2 Multiplexador

Combina os vários fluxos de dados. Estes fluxos de dados combinados passam pelo canal fso. Estou a utilizar a multiplexagem DWDM neste sistema proposto. Os canais de dados são multiplexados utilizando 32X1 WDM MUX e, em seguida, o sinal ótico composto é transmitido através do canal FSO.

1.12.3 Canal FSO

O espaço livre é o canal de propagação. Os sinais transmitidos através do espaço livre interferem com a chuva, o nevoeiro, a neve e as nuvens, etc.

1.12.4 Recetor

A secção do recetor inclui um multiplexador, um fotodetector, um filtro passa-baixo e um analisador BER. O sinal na secção recetora é desmultiplexado utilizando um desmultiplexador 1X32 WDM e este sinal é detectado por um fotodetector. Estou a utilizar o fotodetector APD devido à sua elevada sensibilidade. Este sinal passa pelo filtro de Bessel para detetar o sinal original e reduzir a taxa de erro de bit do sistema proposto.

1.12.5 Amplificador ótico

Os amplificadores ópticos utilizados para a amplificação ótica de sinais incluem o EDFA (amplificador de fibra dopada com érbio) e o amplificador Raman. Neste sistema proposto, estou a utilizar a técnica de pós-amplificação utilizando diferentes configurações de amplificadores ópticos para melhorar a taxa de erro de bits do sistema.

1.12.6 Compensação de dispersão

Vou testar o sistema proposto utilizando uma rede de bragg em fibra ótica para reduzir o efeito da dispersão e melhorar o desempenho do sistema, reduzindo a taxa de erro de bits, aumentando o fator de qualidade, a relação sinal/ruído e a OSNR, etc. A rede de fibra utilizada para compensar as perdas ocorre durante a transmissão de dados a longa distância num canal de espaço livre. O desempenho do sistema degrada-se devido ao efeito de dispersão que provoca o alargamento do impulso e, na secção recetora, é difícil detetar o sinal original. Sinais diferentes têm parâmetros espectrais diferentes, com atrasos de grupo diferentes, o que causa problemas de conversação cruzada e dispersão do sinal. Estou a utilizar a técnica de dispersão da rede de bragg em fibra no meu sistema proposto.

Rede de Bragg em fibra ótica

Técnica de compensação da dispersão da rede de bragg em fibra baseada na difração de Fresnel. De acordo com o princípio da rede de fibra, quando o sinal ótico se propaga através de diferentes índices de refração, o sinal reflecte-se e refracta-se na interface.

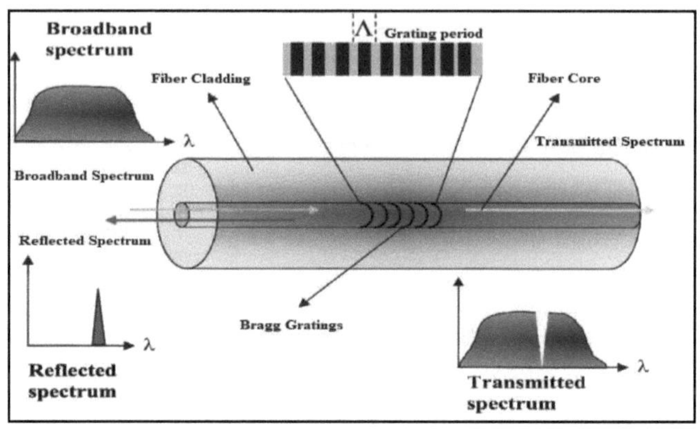

Fig. 0.4 Princípio básico da rede de Bragg em fibra ótica [7]

O comprimento de onda refletido λbragg é calculado utilizando a seguinte relação [7] :

$$\lambda_{bragg} = 2n_{eff}\, \Lambda \qquad (1.6)$$

Λ = Período da grelha

neff = Índice de refração efetivo da grelha no núcleo da fibra

O comprimento de onda de Bragg é refletido pela grelha.

Quando o espetro ótico viaja na grelha de fibra. O comprimento de onda do sinal ótico igual ao comprimento de onda de bragg é refletido de volta para o lado de entrada e o espetro restante passa para o outro lado da grelha de fibra.

1.13 Revisão da literatura

As caraterísticas de elevada largura de banda dos sistemas FSO podem satisfazer as necessidades de aplicações como voz sobre protocolo Internet, televisão sobre protocolo Internet e Internet das coisas, etc. [8]. Podemos ligar um maior número de utilizadores através da implementação deste sistema para diferentes aplicações.

O conceito de HoF será uma bênção para a área da saúde. Pode ligar vários doentes, médicos, sensores e equipamentos médicos. Isto torna o conteúdo dos dados dos pacientes seguro, protegido e também reduz as condições perigosas devido à exposição a sinais de radiofrequência. Mantém as diretrizes de segurança da taxa de absorção específica. Os limites do nível SAR estabelecidos pela FCC para a exposição a ondas de rádio são de 1,6 W/kg. O

Hof (hospital do futuro) inclui dispositivos portáteis para medir os parâmetros fisiológicos dos doentes. Podemos diagnosticar facilmente os parâmetros críticos do paciente e curá-lo de doenças graves como ataque cardíaco, tensão arterial, etc. Também pode resolver o problema da mobilidade, se os doentes se deslocarem, o dispositivo vestível pode enviar o sinal por modo sem fios através do fso nas instalações do hospital.

As tendências futuras, como a Internet dos veículos, tornam a técnica FSO popular e fiável para a humanidade, ultrapassando os desafios enfrentados pelas tecnologias actuais.

A BER aumenta com o aumento da distância da ligação. O fator de qualidade degrada-se quando aumentamos a distância da ligação. A transmissão de 8 canais com uma taxa de dados de 5 Gbps com uma atenuação de 3,5 dB tem um alcance de até 4 km. O sinal recebido depende dos parâmetros de atenuação do canal FSO [9]. Com a ajuda dos parâmetros do diagrama de olho, como a abertura e o fecho do olho, podemos estimar o desempenho dos sistemas FSO. O formato de modulação NRZ proporciona uma melhor abertura de olho em comparação com outros formatos como RZ, formatos duobinários [10]. A abertura de olho varia de acordo com a dispersão e o ruído. Se o ruído aumentar, a abertura dos olhos diminui. Conclui-se, assim, que uma maior abertura dos olhos proporciona uma boa relação sinal/ruído e uma baixa taxa de erro de bits.

Quando o sinal é transmitido através de um canal FSO, interfere com a atenuação atmosférica. Este sinal tem diferentes componentes espectrais que viajam a diferentes velocidades, o que dá origem a um atraso de grupo. Devido aos fenómenos de atraso de grupo, ocorre a dispersão do sinal e o alargamento do impulso. Para ultrapassar o problema da dispersão cromática, utiliza-se o EDFA e a fibra de compensação da dispersão. Pode melhorar o fator de qualidade, a relação sinal/ruído e reduzir o fator de ruído [11].

O fator de qualidade diminui com o aumento do número de utilizadores, da distância da ligação e da taxa de dados [12]. A técnica DWDM-MIMO atenua as condições atmosféricas, fornecendo múltiplos caminhos para a transmissão e reduzindo a taxa de erro de bits.

Técnicas de compensação da dispersão utilizadas para reduzir a taxa de erro de bits. Quando o sinal é transmitido a longas distâncias, alarga-se e a dispersão aumenta. A dispersão pode ser compensada utilizando uma grelha de fibra [13].

CAPÍTULO 2: MOTIVAÇÃO DA INVESTIGAÇÃO

Hoje em dia, com o aparecimento de uma epidemia como a COVID e o fungo negro, o trabalho a partir de casa aumentou através do modo em linha. Também se registaram mudanças no sistema educativo. O ensino em linha está a aumentar. Nesta situação, o número de utilizadores da Internet aumentou. As crianças das classes mais desfavorecidas continuam a não poder frequentar as aulas em linha porque são caras. É por isso que precisamos de um sistema que forneça Internet a baixo custo. O sistema DWDM FSO é como uma bênção numa situação destas.

Recentemente, as catástrofes naturais, como o ciclone Yaas e as inundações, aumentaram devido às alterações climáticas. Em caso de catástrofe natural, ocorre uma avaria na rede devido a danos nas infra-estruturas de rede. Nesta situação, o principal desafio consiste em restabelecer a ligação à rede em menos tempo, de modo a que a zona afetada possa comunicar com as autoridades e as forças de socorro, para que estas possam salvar a vida, fornecer alimentos, água e cuidados de saúde às pessoas afectadas. Este sistema pode ser utilizado como recuperação de catástrofes através do acesso à informação em menos tempo.

2.1 Declaração do problema

No cenário atual, há uma procura de alta velocidade de Internet e uma exigência de alta capacidade de espetro de canais para ligar vários utilizadores numa rede com baixa taxa de erro de bits para resolver objectivos como a transmissão de vídeos sem pausa e obter voz ininterrupta em videoconferência. Nas empresas, a velocidade de carregamento é muito importante quando se utilizam aplicações baseadas na nuvem, como o Microsoft One Drive ou o Dropbox e o Google Docs, para partilhar ficheiros. No sector bancário, devido à baixa velocidade, as transacções electrónicas falharam. A taxa de aprendizagem eletrónica aumenta em vez do modo de ensino offline devido à pandemia de COVID-19. Para estudar em linha, todos os estudantes necessitam de Internet de alta velocidade a baixo custo, porque alguns estudantes não podem pagar uma Internet de alta velocidade mais cara.

A tecnologia de ótica de espaço livre tem uma largura de banda elevada e não necessita de licença de espetro. Isto torna esta tecnologia menos dispendiosa. A técnica DWDM resolve o problema do aumento da procura de largura de banda através da ligação de um maior número de utilizadores. A combinação das técnicas FSO e DWDM permite obter uma taxa de dados elevada, uma capacidade de transmissão elevada e uma taxa de erro de bits baixa a um custo inferior. Este sistema proposto pode ser utilizado em zonas onde não é possível instalar uma rede com fios e pode ser utilizado para futuras redes rápidas. Torna o estudo mais acessível, reduzindo os custos de transporte e de Internet e poupando o tempo dos estudantes.

2.2 Objectivos

- Investigar o desempenho do sistema DWDM FSO utilizando diferentes técnicas de amplificação ótica.
- Analisar o desempenho da ligação FSO através da variação do parâmetro de divergência do feixe em condições atmosféricas de nevoeiro ligeiro.
- Para aumentar o alcance de transmissão do sinal.

2.3 Ferramentas de simulação

1. MATLAB R2017a para traçar gráficos.
2. Optisystem 7.0 para simulação do sistema proposto para analisar o desempenho.

CAPÍTULO 3: METODOLOGIA DE INVESTIGAÇÃO

3.1 Conceção de um sistema DWDM baseado em FSO de 32 canais utilizando diferentes técnicas para melhorar o desempenho do sistema.

Este sistema proposto consiste num sistema DWDM baseado em FSO de 32 canais. A taxa de transmissão de dados de cada canal é de 5 Gbps. Este sistema será testado para um total de 160 Gbps para diferentes parâmetros como BER, fator de qualidade, OSNR, potência do sinal. A secção do transmissor é constituída por um gerador de sequências pseudo-aleatórias, um gerador de impulsos NRZ, um modulador mach-zehnder e um laser CW. O laser CW é utilizado como fonte ótica. O NRZ é um esquema de codificação de linha, o modulador mach-zehnder é utilizado para a modulação de amplitude. 32 canais fornecem múltiplos fluxos de dados. O multiplexador combina os múltiplos fluxos de dados. Estes fluxos de dados multiplexados passam pelo espaço livre do canal FSO. A secção do recetor inclui um fotodetector, um filtro passa-baixo e um analisador BER.

Testarei o sistema proposto utilizando diferentes configurações de amplificadores ópticos, técnicas de compensação da dispersão e diferentes formatos de modulação para melhorar o desempenho do sistema.

O desempenho do sistema FSO depende de factores como a taxa de erro de bits, o fator de qualidade, a OSNR, a relação sinal/ruído e a distância de transmissão. Quando os dados são transmitidos a uma distância maior, a dispersão ocorre para compensar, utilizo diferentes técnicas de dispersão para reduzir o efeito da dispersão no sinal.

No sistema DWDM FSO, a principal barreira são as atenuações na atmosfera devido à chuva, nevoeiro, poeira, neve, etc. O sinal torna-se fraco quando interfere com as perturbações atmosféricas. Utilizarei um amplificador ótico para aumentar o nível do sinal e compensar as perdas neste sistema. O amplificador ótico, como o EDFA e o amplificador RAMAN, será utilizado para testar o impacto no desempenho do sistema.

O principal objetivo desta simulação de sistema é melhorar o sistema DWDM FSO proposto com compensação da ligação de transmissão FSO.

O estudo do sistema proposto inclui o efeito da técnica de compensação da dispersão e as configurações do amplificador ótico no desempenho do sistema. O desempenho do sistema é avaliado com a ajuda do valor BER, do fator de qualidade, do OSNR e dos parâmetros da altura dos olhos. Estou a utilizar o software optisystem 7 para simular o sistema proposto. A taxa de erro de bit e o fator de qualidade serão analisados através do analisador de taxa de erro de bit.

3.2 Considerações sobre a conceção

1. Seleção da frequência para o sistema DWDM FSO com espaçamento de 0,8 canais.
2. A seleção da frequência da fonte de laser tem em conta as considerações de segurança, como a exposição admissível. Deve ser segura para os olhos.
3. Considerar o nível de atenuação de diferentes condições atmosféricas.
4. Considerar um esquema de amplificação adequado para a compensação da ligação.
5. Rede DWDM (ITU-T G.694.1).

3.3 Multiplexador DWDM Atribuição de frequências de canais

32 Canais de frequência de acordo com a norma ITU-T G.694.1[14].

3.3.1 Atribuição de frequências de canais Optisystem

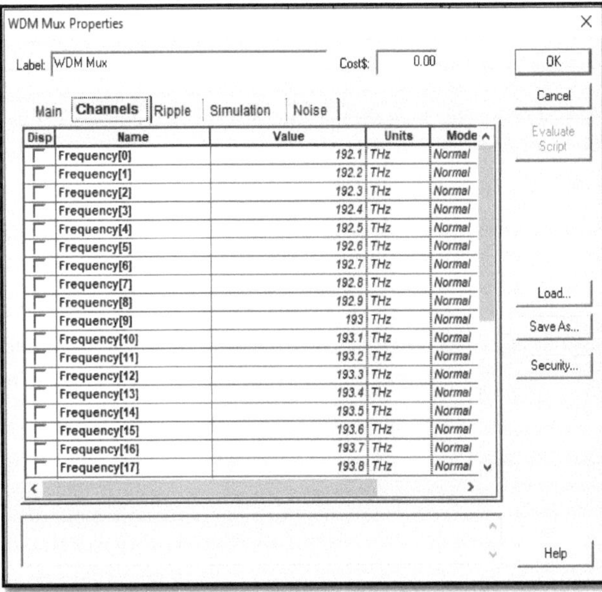

Fig. 0.1 Atribuição de frequências dos canais do multiplexer WDM do canal 1 ao canal 18.

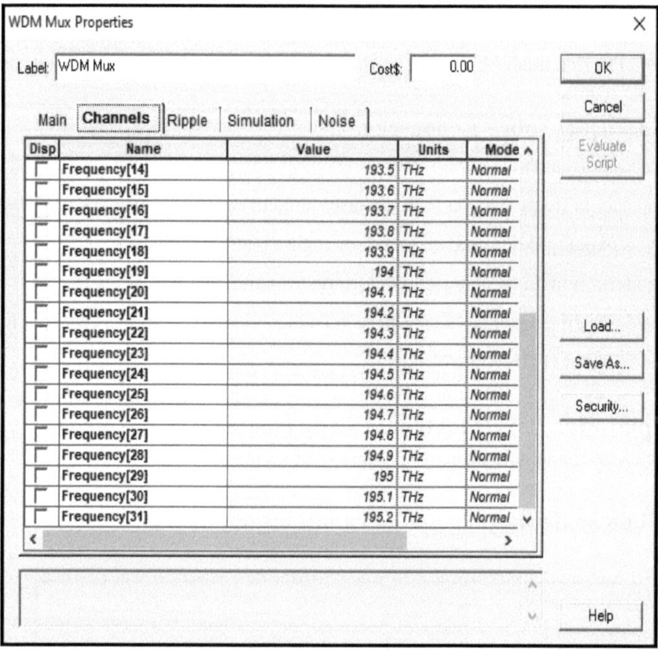

Fig. 0.2 Atribuição de frequências do canal do multiplexer WDM do canal 19 ao canal 32

PARÂMETROS DE CONCEPÇÃO DO MULTIPLEXER DWDM

A gama de comprimentos de onda entre 1530 nm e 1565nm foi selecionada de acordo com a grelha DWDM de frequência de banda C com espaçamento de canal de 100GHz da ITU-T G.694.1. A seleção dos comprimentos de onda depende do tipo de amplificador ótico utilizado para efeitos de amplificação, de modo a que o sistema dê uma boa resposta. Estou a utilizar o EDFA como amplificador ótico. O amplificador EDFA é conhecido como amplificador de banda convencional. A gama de funcionamento do amplificador EDFA é de 1530 a 1565 nm, pelo que estou a selecionar a grelha de frequência da banda c para conceber o meu sistema. O EDFA pode amplificar vários canais em simultâneo e pode proporcionar um ganho plano para a gama de funcionamento.

3.4 Investigar o desempenho do sistema DWDM FSO proposto utilizando a técnica de pós-amplificação.

O sistema proposto foi testado para diferentes amplificadores ópticos como EDFA, amplificador Raman e combinação híbrida de EDFA-RAMAN. Estes amplificadores são ligados no sistema FSO DWDM proposto utilizando a técnica de pós-amplificação. Na técnica de pós-amplificação, o amplificador ótico é ligado antes da secção do recetor.

Neste projeto, o sistema proposto consiste num sistema DWDM FSO de 32 canais. Este sistema transmite 32 canais com espaçamento entre canais de 0,8 nm. A taxa de dados de cada canal de transmissão é de 5 Gbps. O díodo laser de onda contínua é utilizado como fonte de energia que fornece um comprimento de onda contínuo do sinal laser. O sinal laser é utilizado como portadora para modular o sinal elétrico de entrada. O nível de potência utilizado na secção de transmissão é de 10dBm. Na secção de transmissão, o multiplexador multiplexou os sinais provenientes de diferentes canais. Estes dados multiplexados de diferentes canais são transmitidos através do espaço livre. O canal de propagação do sinal ótico é o espaço livre. O sinal transmitido através do espaço livre é afetado por condições atmosféricas como a chuva, a neblina e a neve, etc. Este sinal é amplificado por um amplificador ótico como o EDFA, o SOA e o amplificador Raman. O amplificador ótico é utilizado para amplificar o sinal e compensar a perda que ocorre devido ao canal FSO. O sinal recebido é de-multiplexado utilizando um de-multiplexador 1×32 e detectado pelo fotodetector APD. O filtro de Bessel é utilizado para recuperar o sinal original. O desempenho do sistema é analisado com analisadores BER. A conceção e a simulação são efectuadas com a ajuda do software Optisystem 7.

Quadro 0.1 Parâmetros de projeto num sistema DWDM FSO

Parâmetros	Valores
Potência	10dBm
Espaçamento entre canais	0,8 nm
Taxa de dados de cada canal	5 Gbps
Número de canais	32
Banda C	1530-1565 nm

3.5 Conceção da configuração da simulação

Projeto de um sistema FSO DWDM de 32 canais utilizando o Optisystem 7. O sistema FSO DWDM proposto foi projetado utilizando o software optisystem 7.

3.5.1 Desenho do layout do sistema ótico do sistema DWDM FSO 1 proposto usando a técnica de pós-amplificação do amplificador de fibra dopada com érbio

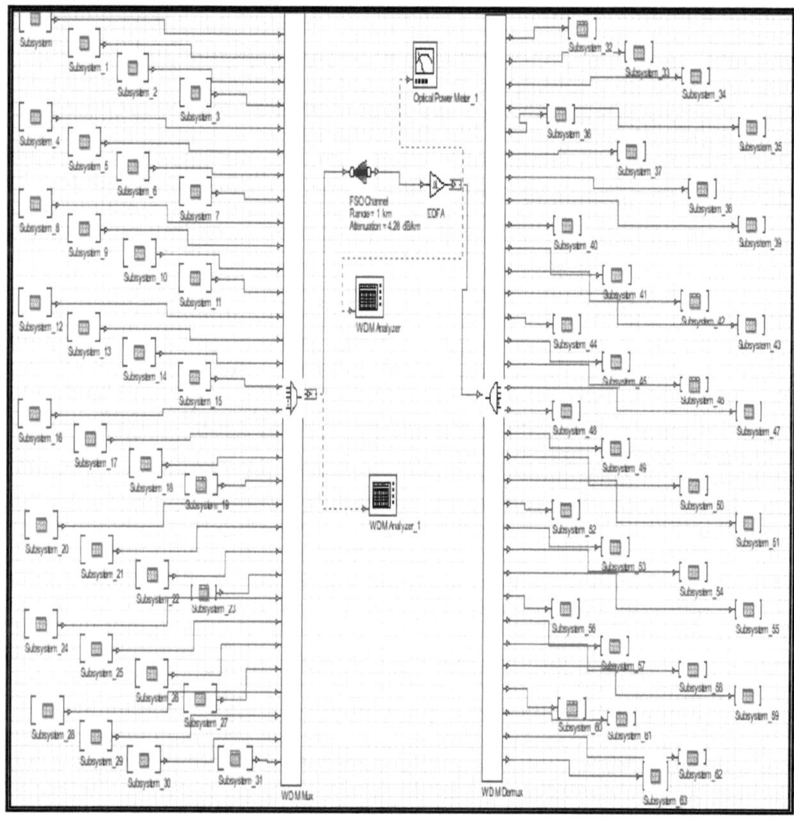

Fig. 0.3 Conceção da disposição do sistema FSO DWDM proposto 1 utilizando EDFA

Quadro 0.2 Parâmetros de Atenuação do Canal FSO

Condição atmosférica	Atenuação (dB/Km)
Luz de nevoeiro	4,28 dB/km
Chuva ligeira	6,27dB/km
Ar puro	0,2 dB/km

Optisystem Conceção da disposição da secção do transmissor

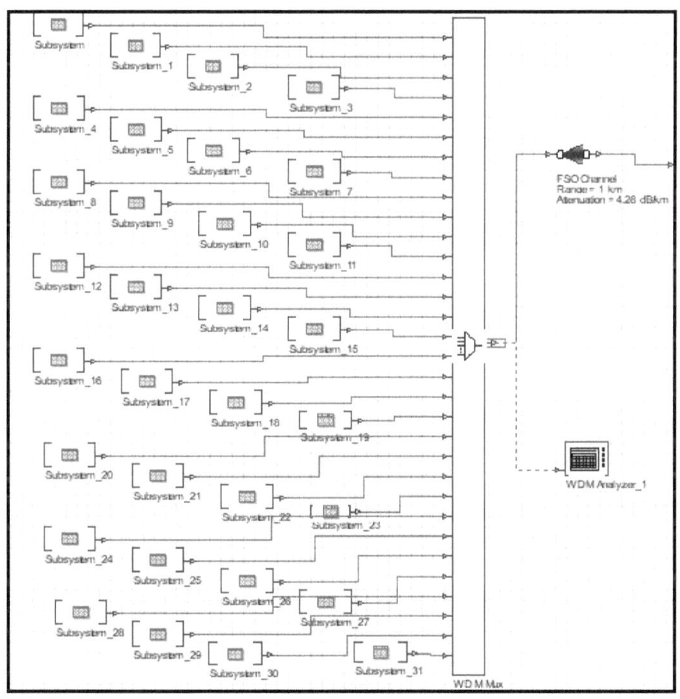

Fig. 0.4 Secção do transmissor

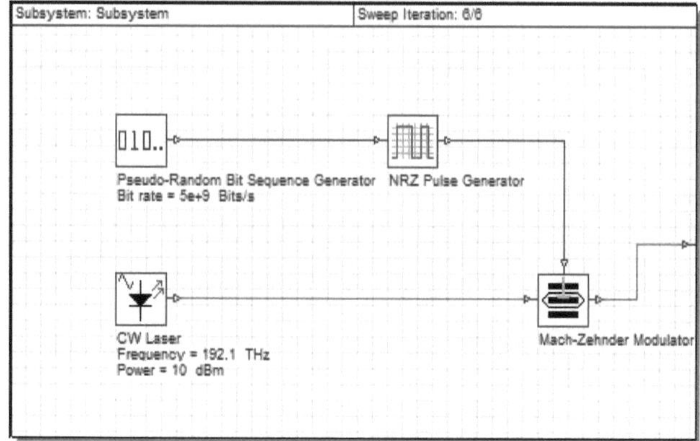

Fig. 0.5 Sub-sistema do transmissor

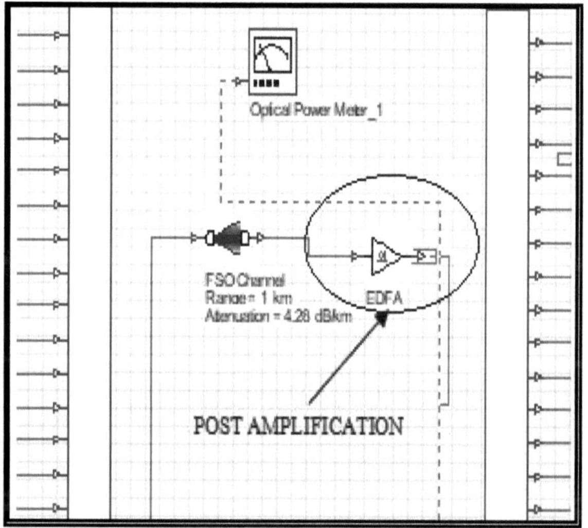

Fig. 0.6 Pós-amplificação

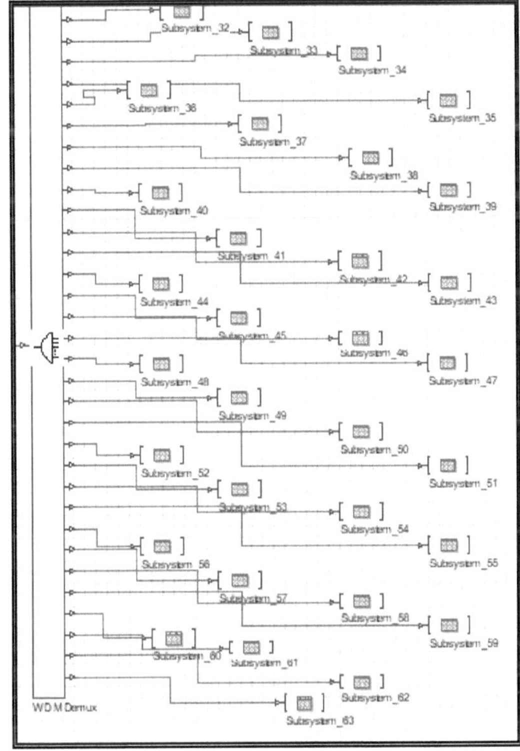

Fig. 0.7 Secção do recetor

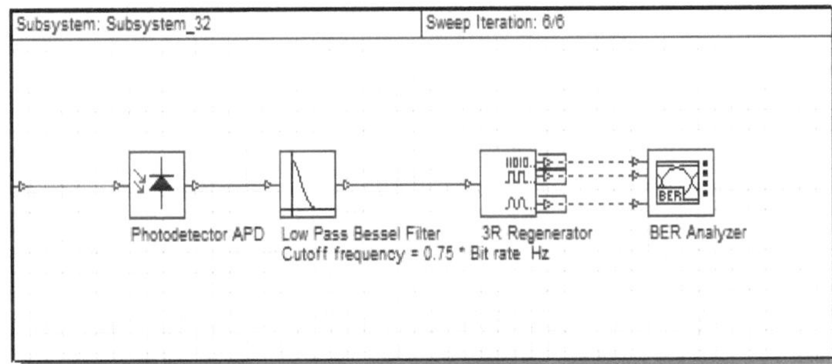

Fig. 0.8 Sub-sistema do recetor

3.5.2 Conceção do esquema do sistema ótico do sistema DWDM FSO 2 proposto utilizando o amplificador Raman .

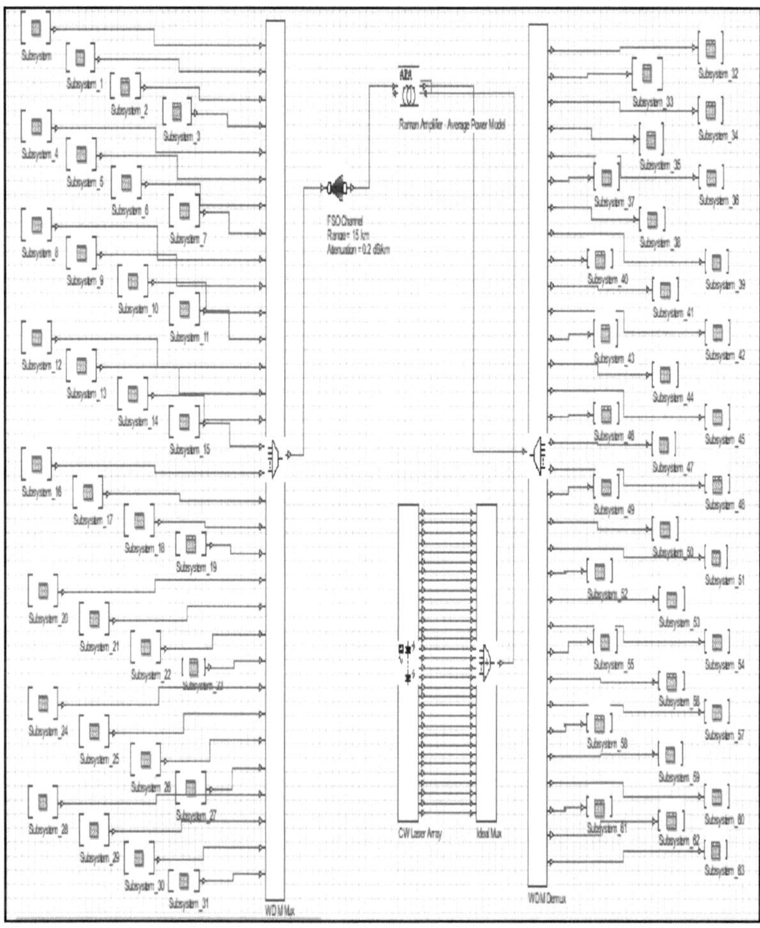

Fig. 0.9 Desenho do esquema do sistema ótico do sistema DWDM FSO 2 utilizando o amplificador Raman

3.5.3 Conceção da disposição do sistema DWDM FSO 3 proposto utilizando o amplificador EDFA-Raman .

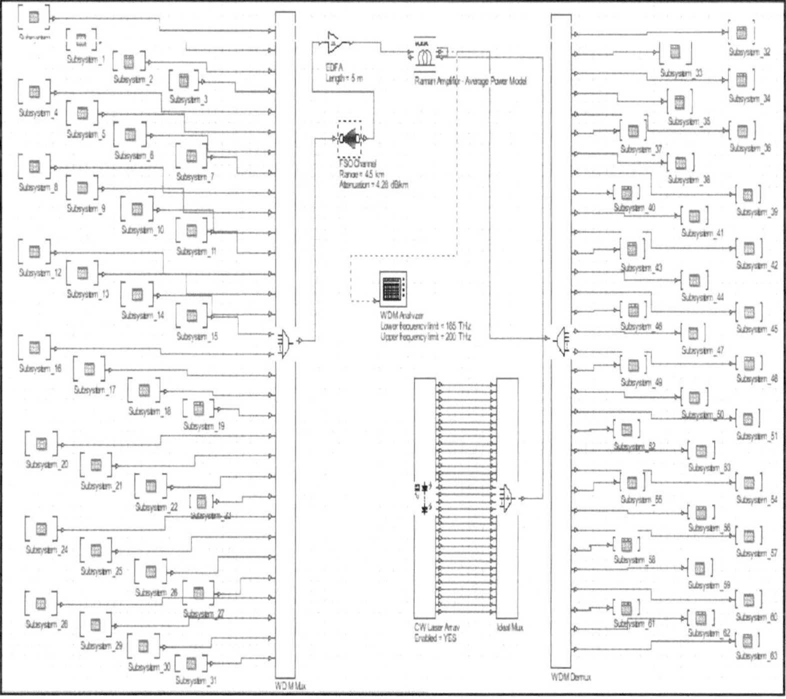

Fig. 0.10 Conceção do esquema do sistema ótico do sistema DWDM FSO 3 utilizando o EDFA-amplificador Raman

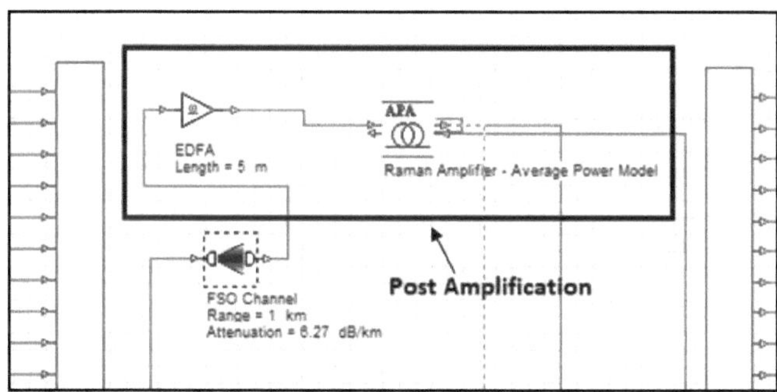

Fig. 0.11 Pós-amplificação utilizando uma combinação híbrida de amplificador EDFA-Raman

3.6 Investigar o desempenho do FSO DWDM proposto através da variação da divergência do feixe.

Quando o sinal é emitido por uma fonte ótica, o sinal ótico propaga-se do emissor para o recetor e, neste processo, a luz diverge com um ângulo que é o ângulo de divergência do feixe. A potência recebida no recetor depende do ângulo de divergência do feixe, de acordo com os aspectos teóricos. De acordo com o trabalho de simulação acima referido, testei o meu sistema com diferentes técnicas de amplificação ótica e o sistema 3 apresenta um melhor desempenho com uma taxa de erro de bits e um fator de qualidade aceitáveis. Este sistema 3 melhora o desempenho do sistema proposto, reduzindo os efeitos de dispersão através da amplificação. No sistema 3, após simulação, verificamos que pode transmitir os dados até 3,5 km em condições atmosféricas de nevoeiro ligeiro com um nível de atenuação de 4,28 dB/km. Assim, para melhorar o desempenho do sistema 3, estou a investigar o efeito do parâmetro de divergência do feixe no desempenho do sistema.

Potência no recetor dada pela relação :

$$Pr = Ps.\frac{Ar}{(\Theta.x)^2}e^{-ax} \tag{3.1}$$

Ar = Área da abertura do recetor (m)^2

a = atenuação (dB/km)

Θ = Divergência do feixe (rad)

x = Distância da ligação (m)

Pr= Potência recebida (W)

Ps= Potência do transmissor (W)

A divergência do feixe pode controlar a potência do recetor de acordo com o conceito teórico. O desalinhamento da divergência do feixe entre o emissor e o recetor pode causar falhas na ligação. A divergência do feixe mais larga do que a área de abertura do recetor conduz a perdas devido à não receção do feixe ótico na área de abertura do recetor.

3.7 Simulação criada para investigar o desempenho do sistema 4 com diferentes divergências de feixe.

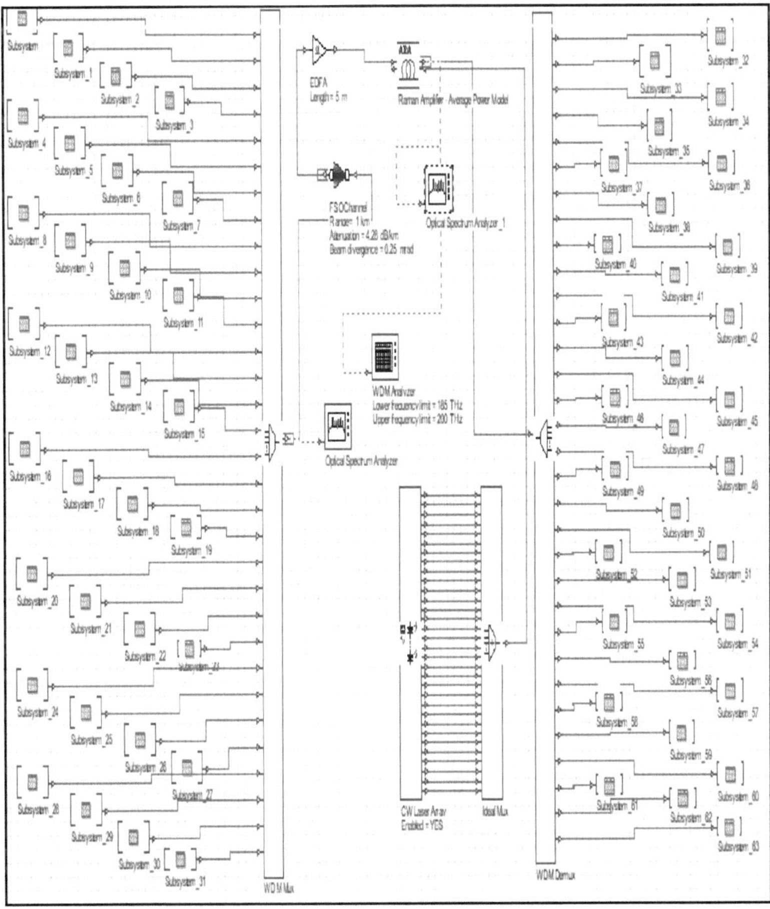

Fig. 0.12 Simulação montada para investigar o desempenho do sistema 4 com diferentes divergências de feixe.

3.7.1 Simulação criada para investigar o desempenho do sistema 4 utilizando grelha de fibra

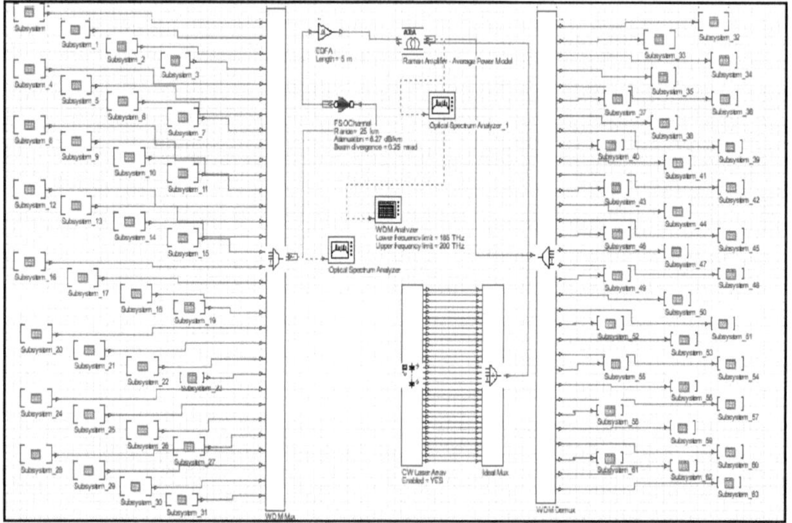

Fig. 0.13 Simulação montada para investigar o desempenho do sistema 4 utilizando uma rede de fibras

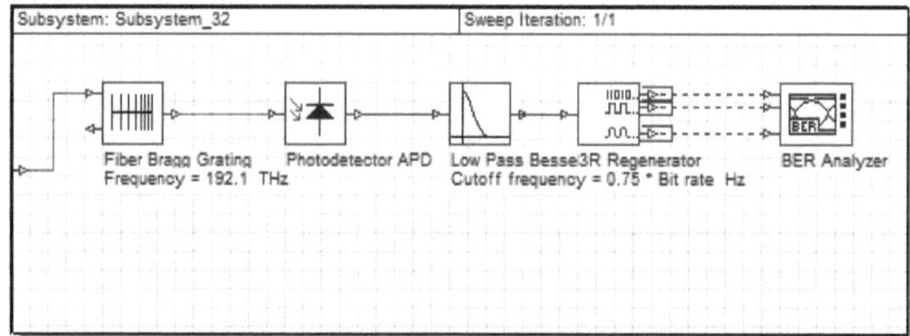

Fig. 0.14 Secção do recetor com grelha de fibra

CAPÍTULO 4: RESULTADOS E DISCUSSÃO

O sistema proposto é projetado utilizando o software Optisystem 7. A simulação do sistema proposto é efectuada com a ajuda do Optisystem 7.

4.1 Análise do sistema DWDM FSO 1 utilizando a pós-amplificação do amplificador ótico EDFA

Quadro 0.1 Análise do sistema DWDM FSO1 com nevoeiro ligeiro a diferentes distâncias de ligação

PÓS-AMPLIFICAÇÃO EDFA			
Condições atmosféricas: Nevoeiro ligeiro (4,28 dB/km)			
Ligação Distância (km)	Min. RIC	Máximo. Fator Q	Máx. OSNR (dB)
1	3.66E-17	8.29	36.966974
2	7.65E-16	7.92	26.629198
3	1.01E-11	6.63	18.388555
3.5	8.53E-09	5.55	14.788225
4	4.21E-06	4.34	11.422130
4.5	4.29E-04	3.20	8.227013

Quadro 0.2 Análise do sistema DWDM FSO 1 em condições atmosféricas de chuva

PÓS-AMPLIFICAÇÃO EDFA			
Condições atmosféricas: Chuva (6,27dB/km)			
Ligação Distância (km)	Min. RIC	Máximo. Fator Q	Máx. OSNR (dB)
1	4.68E-17	8.26	35.046193
2	3.03E-14	7.44	22.371553
2.5	1.09E-10	6.27	17.067973
3	1.04E-06	4.64	12.226878
3.5	7.82E-04	3.03	7.707035
4	1.00E+00	0.00	3.398661

Quadro 0.3 Análise do sistema DWDM FSO 1 em condições atmosféricas de ar puro

PÓS-AMPLIFICAÇÃO EDFA			
Condições atmosféricas: Ar limpo (0,2 dB/km)			
Ligação Distância (km)	Min. RIC	Máximo. Fator Q	Máx. OSNR (dB)
1	2.73E-17	8.32	40.786326
2	4.71E-17	8.26	35.003072
3	1.02E-16	8.16	31.311956
4	2.80E-16	8.04	28.532935
5	9.58E-16	7.89	26.270749
6	4.04E-15	7.70	24.356966
8	1.16E-13	7.26	21.295407
10	4.68E-12	6.74	18.841793
12	1.88E-10	6.18	16.775346
12.5	4.59E-10	6.04	16.304338
13	1.10E-09	5.90	15.848689
13.5	2.57E-09	5.75	15.407224
14	5.89E-09	5.61	14.978889
14.5	1.32E-08	5.47	14.562737
15	2.87E-08	5.33	14.157920

4.1.1 Min. BER vs Distância da ligação em diferentes condições atmosféricas utilizando EDFA.

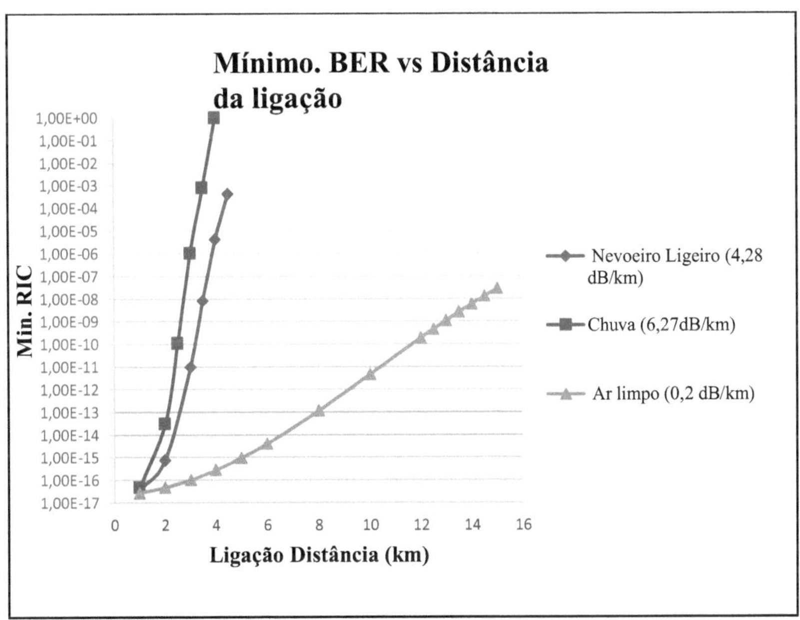

Fig. 0.1 Análise do sistema DWDM FSO 1 a diferentes distâncias de ligação em diferentes condições atmosféricas utilizando EDFA.

Nesta Fig. 4.1, observa-se que o sistema proposto1 conseguiu transmitir dados a 5 Gbps por canal a uma distância de ligação de 2,5 km, 3,5 km e 13 km para condições atmosféricas de chuva, nevoeiro ligeiro e ar limpo, considerando um nível aceitável de taxa mínima de erro de bit.

4.1.2 Máximo. OSNR vs Distância da ligação em diferentes condições atmosféricas utilizando o amplificador EDFA

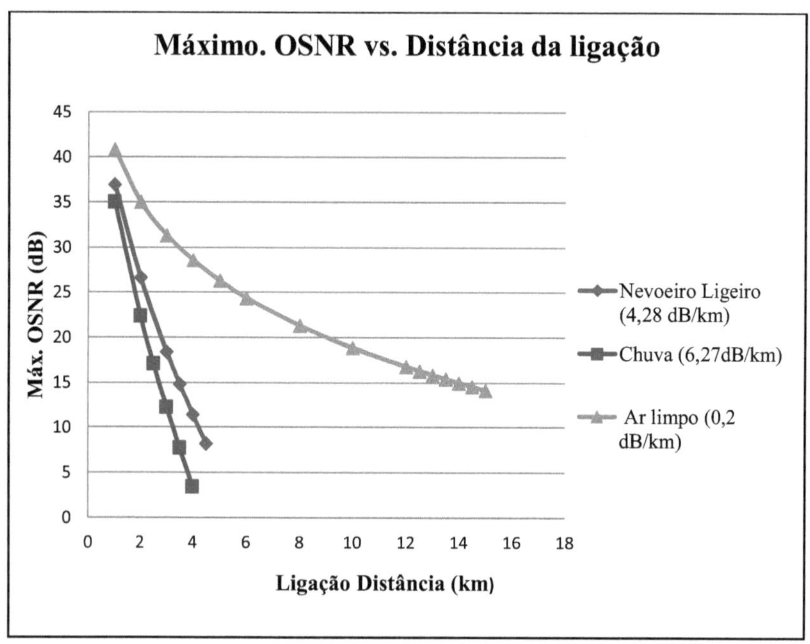

Fig. 0.2 Máx. OSNR vs Distância de ligação em diferentes condições atmosféricas utilizando o amplificador EDFA

Nesta Fig. 4.2 observa-se, após a simulação do sistema proposto 1, que este sistema fornece um valor OSNR aceitável até 2,5 km, 3,5 km e 13 km de distância de ligação para chuva, nevoeiro ligeiro e condições atmosféricas de ar limpo com uma taxa de erro de bit aceitável. Observa-se a partir deste resultado de simulação que a taxa de erro de bit diminui à medida que a relação sinal/ruído ótico aumenta.

4.1.3 Análise do fator de qualidade do sistema FSO DWDM 1 em diferentes condições atmosféricas utilizando o amplificador EDFA

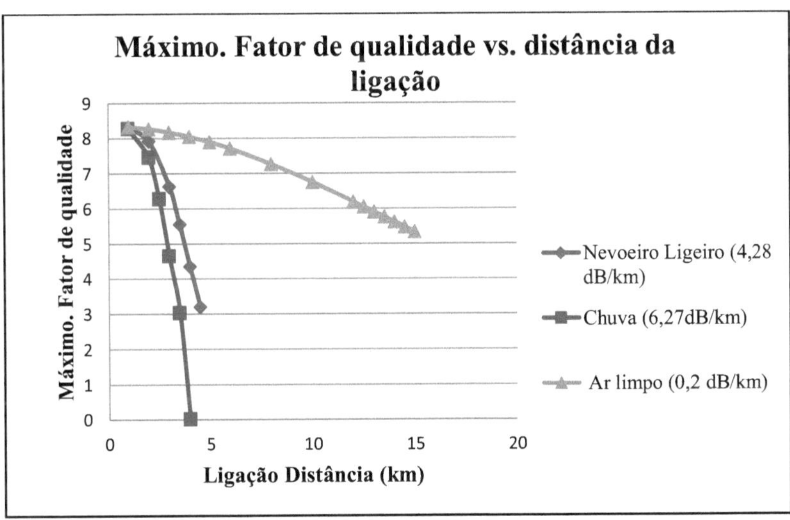

Fig. 0.3 Análise do fator de qualidade do sistema FSO DWDM 1 em diferentes condições atmosféricas utilizando o amplificador EDFA.

Para a transmissão de dados de 5 Gbps, o sistema proposto 1 apresenta um nível aceitável de fator de qualidade até 2,5 km em condições atmosféricas de chuva, 3,5 km em condições de nevoeiro ligeiro e 13 km em condições atmosféricas de ar puro. O fator de qualidade diminui quando se aumenta a distância de ligação do canal FSO.

Quadro 0.4 Análise do sistema DWDM FSO em diferentes condições atmosféricas utilizando EDFA

Condições atmosféricas	Atenuação	Alcance (km)	Mínimo BER	Fator Q máximo	Máx. OSNR (dB)
Ar puro	0,2db/km	13	1.10E-09	5.90	15.848689
Luz de nevoeiro	4,28db/km	3.5	8.53E-09	5.55	14.788225
Chuva	6,27db/km	2.5	1.09E-10	6.27	17.067973

4.2 Análise do sistema DWDM FSO 2 utilizando a técnica de pós-amplificação do amplificador Raman

Quadro 0.5 Análise do sistema DWDM FSO 2 utilizando o amplificador Raman com nevoeiro ligeiro

PÓS-AMPLIFICAÇÃO DO AMPLIFICADOR ÓPTICO RAMAN			
Condições atmosféricas: Nevoeiro ligeiro (4,28 dB/km)			
Ligação Distância (km)	Min. RIC	Máximo. Fator Q	Máx. OSNR (dB)
1	3.06E-17	8.31	33.497290
2	4.37E-16	7.98	23.338901
3	4.10E-11	6.43	15.589637
3.5	1.09E-07	5.10	12.123274
4	6.39E-05	3.74	8.832186

Quadro 0.6 Análise do sistema DWDM FSO 2 utilizando o amplificador Raman à chuva

PÓS-AMPLIFICAÇÃO DO AMPLIFICADOR ÓPTICO RAMAN			
Condições atmosféricas: Chuva (6,27dB/km)			
Ligação Distância (km)	Min. RIC	Máximo. Fator Q	Máx. OSNR (dB)
1	3.41E-17	8.29	31.488618
2	3.25E-14	7.44	19.370299
2.5	7.18E-10	5.98	14.324964
3	1.67E-05	4.06	9.622810
3.5	1.00E+00	0.00	5.159858

Quadro 0.7 Análise do sistema DWDM FSO 2 utilizando o amplificador Raman ao ar livre

PÓS-AMPLIFICAÇÃO DO AMPLIFICADOR ÓPTICO RAMAN			
Condição atmosférica: Ar limpo (0,2 dB/km)			
Ligação Distância (km)	Min. RIC	Máximo. Fator Q	Máx. OSNR (dB)
1	2.90E-17	8.31	37.666344
2	3.42E-17	8.29	31.444885
3	5.95E-17	8.23	27.789157
4	1.52E-16	8.11	25.124147
5	5.60E-16	7.95	23.005942
8	1.68E-13	7.22	18.351750
10	1.60E-11	6.57	16.022030
11	1.55E-10	6.22	14.997098
12	1.37E-09	5.87	14.043687
14	7.22E-08	5.18	12.308315
15	4.10E-07	4.85	11.510424

4.2.1 Análise da taxa de erro de bits mínima do sistema DWDM FSO 2 em diferentes condições atmosféricas utilizando o amplificador Raman

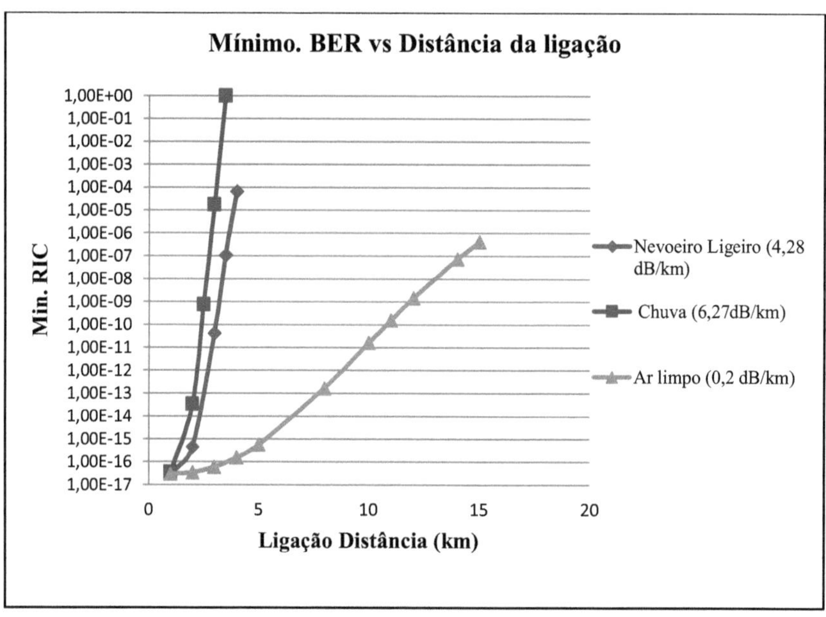

Fig. 0.4 Análise da taxa mínima de erro de bits. Taxa de erro de bits do sistema DWDM FSO 2 em diferentes condições atmosféricas utilizando o amplificador Raman .

Nesta Fig. 4.4 observa-se que o sistema proposto 2 transmite os dados a uma taxa de dados de 5 Gbps por canal a uma distância de ligação de 2,5 km, 3 km e 11 km para condições atmosféricas de chuva, nevoeiro ligeiro e ar limpo, respetivamente, considerando um nível aceitável de taxa de erro de bit mínima.

4.2.2 Análise do fator de qualidade máx. Fator de qualidade máximo em diferentes condições atmosféricas utilizando um amplificador Raman

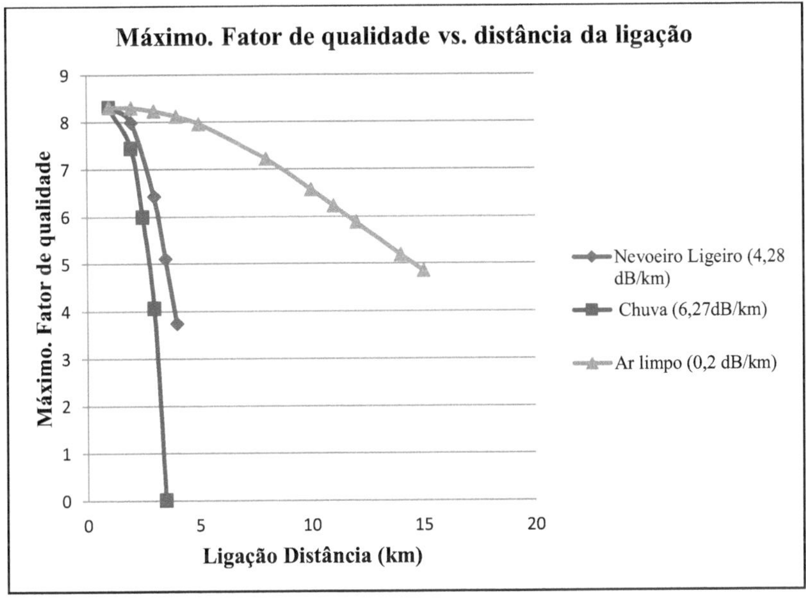

Fig. 0.5 Análise do fator de qualidade máx. Fator de qualidade em diferentes condições atmosféricas utilizando o amplificador Raman

Nesta Fig. 4.5, observa-se que, para a transmissão de dados a uma taxa de dados de 5 Gbps por canal, o sistema proposto 2 apresenta um nível aceitável de fator de qualidade até 2,5 km em condições atmosféricas de chuva, 3 km em condições de nevoeiro ligeiro e 11 km em condições atmosféricas de ar puro. O fator de qualidade diminui quando se aumenta a distância de ligação do canal FSO.

4.2.3 Análise de Max. OSNR em diferentes condições atmosféricas utilizando um amplificador Raman

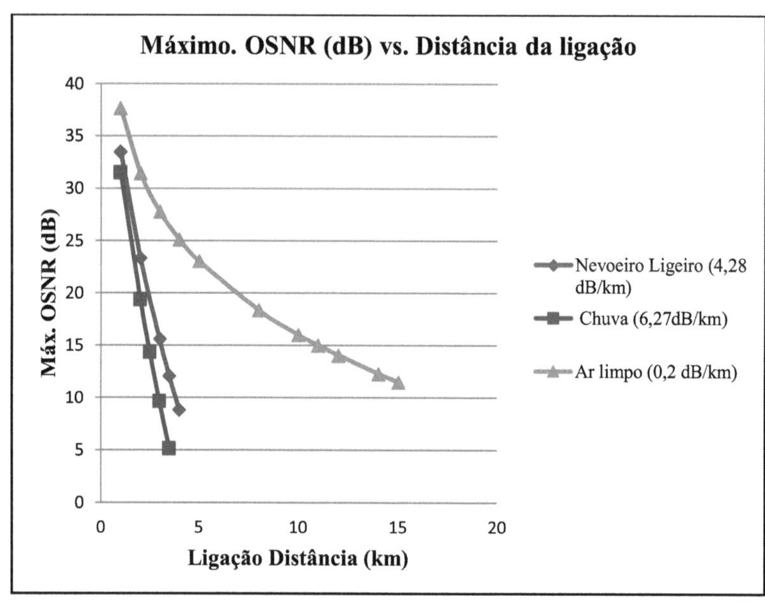

Fig. 0.6 Análise de Max. OSNR em diferentes condições atmosféricas utilizando o amplificador Raman

Nesta Fig. 4.6, observa-se que, após a simulação do sistema proposto 2, este sistema fornece um valor OSNR aceitável até 2,5 km, 3 km e 11 km de distância de ligação para chuva, nevoeiro ligeiro e condições atmosféricas de ar limpo com uma taxa de erro de bit aceitável.

4.3 Análise do sistema DWDM FSO 3 utilizando a técnica de pós-amplificação do amplificador EDFA-Raman

Tabela 0.8 Análise do sistema DWDM FSO 3 utilizando EDFA-amplificador Raman com nevoeiro ligeiro

PÓS-AMPLIFICAÇÃO DE AMPLIFICADORES ÓPTICOS EDFA E RAMAN			
Condições atmosféricas: Nevoeiro ligeiro (4,28 dB/km)			
Ligação Distância (km)	Min. RIC	Máximo. Fator de qualidade	Máx. OSNR (dB)
1	5.55E-18	8.50	37.577387
2	2.31E-18	8.60	27.067110

3	8.94E-15	7.59	18.732323
3.5	1.60E-10	6.20	15.124626
4	1.58E-06	4.55	11.753736
4.5	6.15E-04	3.09	8.556175

Tabela 0.9 Análise do sistema DWDM FSO 3 utilizando o amplificador EDFA-Raman à chuva

PÓS-AMPLIFICAÇÃO DE AMPLIFICADORES ÓPTICOS EDFA E RAMAN			
Condições atmosféricas: Chuva (6,27dB/km)			
Ligação Distância (km)	Min. RIC	Máximo. Fator de qualidade	Máx. OSNR (dB)
1	4.30E-18	8.53	35.642997
2	1.61E-17	8.38	22.726731
2.5	2.38E-13	7.16	17.408751
3	2.17E-07	4.95	12.559455
3.5	1.23E-03	2.88	8.035947

Tabela 0.10 Análise do sistema DWDM FSO 3 utilizando EDFA-amplificador Raman em ar puro

PÓS-AMPLIFICAÇÃO DE AMPLIFICADORES ÓPTICOS EDFA E RAMAN			
Condição atmosférica: Ar limpo (0,2 dB/km)			
Ligação Distância (km)	Min. RIC	Fator de qualidade máximo	Máx. OSNR (dB)
1	8.52E-18	8.45	41.236383
2	4.27E-18	8.53	35.599404
3	2.62E-18	8.59	31.849666
4	2.12E-18	8.61	29.012931
5	2.43E-18	8.60	26.700651
8	5.20E-17	8.24	21.647130
10	3.29E-15	7.72	19.186672
12	5.25E-13	7.05	17.115508
14	9.14E-11	6.29	15.315619
15	1.02E-09	5.90	14.493274
16	9.58E-09	5.52	13.713424
17	7.38E-08	5.15	12.970702

4.3.1 Análise da taxa de erro de bits do sistema DWDM FSO 3 utilizando o amplificador EDFA-Raman

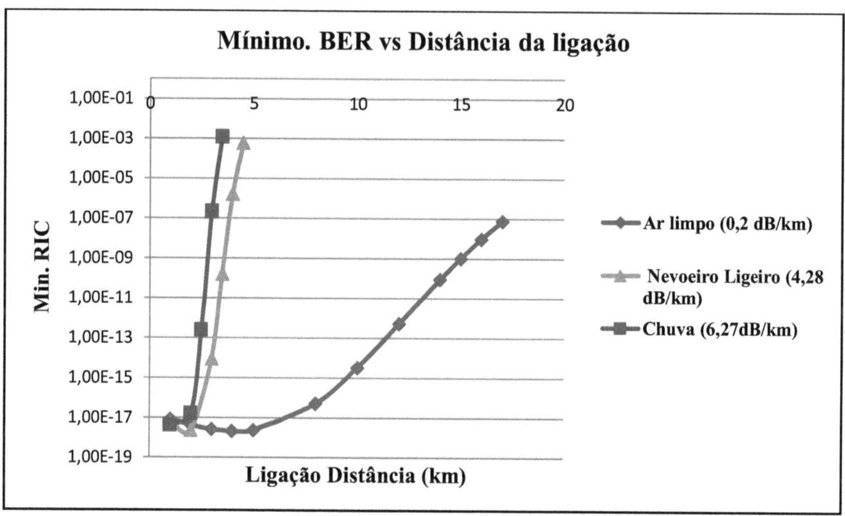

Fig. 0.7 Análise da taxa de erro de bits do sistema DWDM FSO 3 em diferentes condições atmosféricas utilizando o amplificador EDFA-Raman

Nesta análise gráfica, observa-se que o sistema proposto 3 transmite os dados a uma velocidade de 5 Gbps por canal a uma distância de ligação de 2,5 km, 3,5 km e 15 km para condições atmosféricas de chuva, nevoeiro ligeiro e ar puro, respetivamente, considerando um nível aceitável de taxa mínima de erro de bit. A distância de transmissão de 500 metros melhorou em condições atmosféricas de nevoeiro ligeiro do que a amplificação Raman. A distância de transmissão de 2 km aumentou em condições de ar puro utilizando a combinação híbrida de amplificador EDFA-Raman. A taxa de erro de bit aumenta quando a distância da ligação de transmissão aumenta.

4.3.2 Análise do fator de qualidade Max. Fator de qualidade máximo em diferentes condições atmosféricas utilizando o EDFA-amplificador Raman

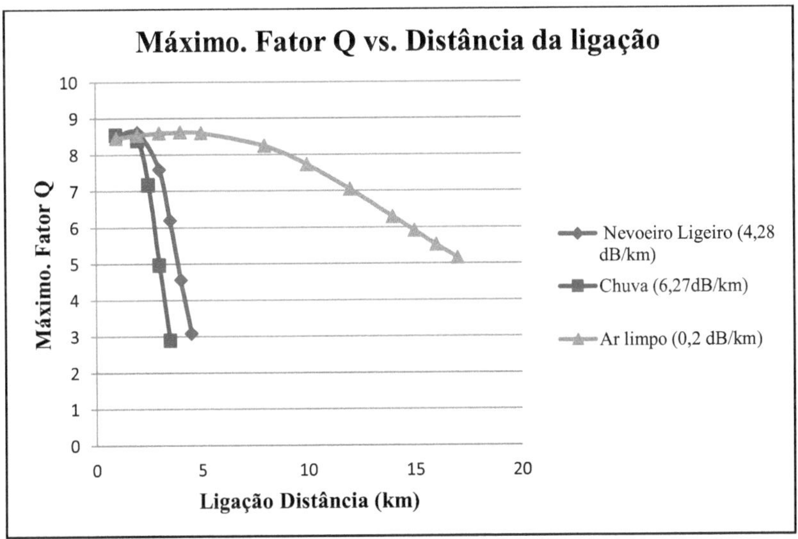

Fig. 0.8 Análise do fator de qualidade máx. Fator de qualidade máximo em diferentes condições atmosféricas utilizando o EDFA-amplificador Raman

Na Fig. 4.8, observa-se que, para a transmissão de dados a uma taxa de dados de 5 Gbps por canal, o sistema proposto 3 apresenta um nível aceitável de fator de qualidade até 2,5 km em condições atmosféricas de chuva, 3,5 km em condições de nevoeiro ligeiro e 15 km em condições atmosféricas de ar puro. O fator de qualidade diminui quando se aumenta a distância de ligação do canal FSO.

4.3.3 Análise da Max. OSNR em diferentes condições atmosféricas utilizando o amplificador EDFA-Raman

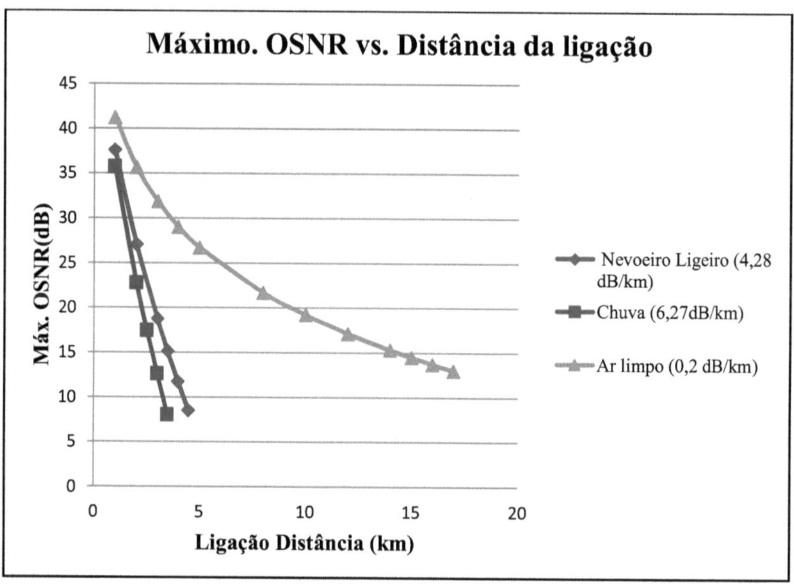

Fig. 0.9 Análise de Max. OSNR em diferentes condições atmosféricas utilizando o amplificador EDFA-Raman

Na Fig. 4.9 observa-se que, após a simulação do sistema proposto 3, este sistema fornece um valor OSNR aceitável até 2,5 km, 3,5 km e 15 km de distância de ligação para chuva, nevoeiro ligeiro e condições atmosféricas de ar limpo com uma taxa de erro de bits aceitável. A relação sinal/ruído ótico diminui quando se aumenta a distância de transmissão.

4.4 Análise comparativa de diferentes amplificadores ópticos

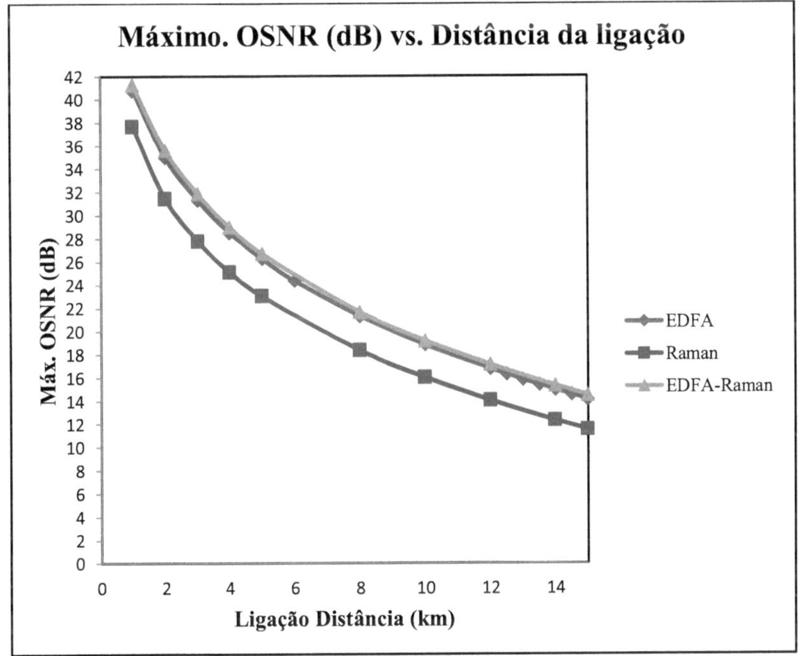

Fig. 0.10 Análise comparativa de diferentes amplificadores ópticos

A partir desta figura, observa-se que o amplificador EDFA Raman é mais eficiente do que o EDFA e o amplificador Raman. O amplificador EDFA teve um melhor desempenho do que o amplificador Raman. Após a simulação dos três sistemas, observa-se que a combinação híbrida do amplificador EDFA-Raman, o sistema 3, proporciona um fator de qualidade elevado e uma taxa de erro de bits inferior à dos sistemas 1 e 2.

4.5 Análise do desempenho do sistema 4 em condições atmosféricas de nevoeiro ligeiro, variando a divergência do feixe

4.5.1 Efeito da divergência do feixe no desempenho do sistema DWDM FSO

Quadro 0.11 Análise do fator de qualidade para diferentes divergências de feixe em condições atmosféricas de nevoeiro ligeiro

Ligação Distância (km)	Fator de qualidade (divergência do feixe=0,25 mrad)	Fator de qualidade (divergência do feixe =0,5 mrad)	Fator de qualidade (divergência do feixe =1 mrad)	Fator de qualidade (divergência do feixe =2 mrad)
1	8.38	8.40	8.43	8.50
2	8.42	8.48	8.57	8.60
2.5	8.46	8.54	8.61	8.37
3	8.51	8.59	8.55	7.59
3.5	8.56	8.61	8.19	6.20
4	8.60	8.50	7.33	4.55

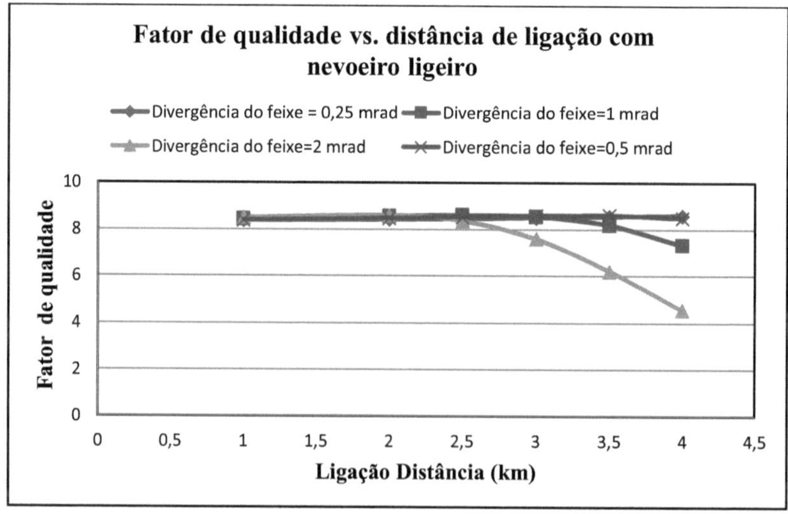

Fig. 0.11 Análise do fator de qualidade para diferentes divergências do feixe em condições atmosféricas de nevoeiro ligeiro

De acordo com a análise anterior, observa-se que, quando se aumenta a divergência do feixe, o fator de qualidade diminui. Assim, conclui-se que a divergência do feixe pode controlar o desempenho do sistema DWDM FSO concebido.

Com uma divergência de feixe mais baixa, obtém-se uma melhor resposta do fator de qualidade. Assim, o fator de qualidade é melhorado através do controlo do parâmetro de conceção da divergência do feixe.

4.5.2 Análise da taxa de erro de bits mínima com diferentes divergências de feixe em caso de nevoeiro ligeiro

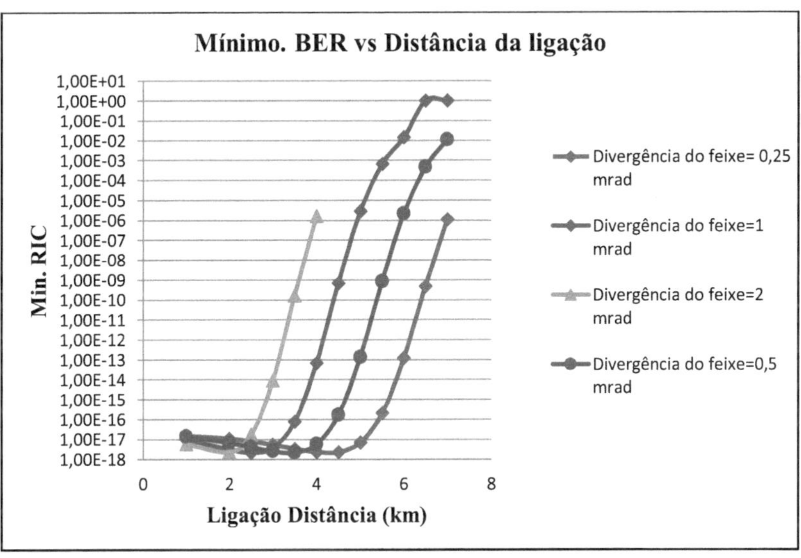

Fig. 0.12 Análise de Min. BER para diferentes divergências de feixe em condições atmosféricas de nevoeiro ligeiro

Após a simulação do sistema DWDM FSO em condições atmosféricas de nevoeiro ligeiro, observa-se que, para uma divergência de feixe = 0,25 mrad, é possível transmitir dados até uma distância de ligação de 6,5 km com um limite aceitável de taxa de erro de bits. Com divergência de feixe = 1 mrad, pode transmitir dados até 4,5 km de distância de ligação. Com divergência de feixe = 0,5, pode transmitir os dados até 5,5 km de distância. Com divergência de feixe = 2 mrad, este sistema pode transmitir dados até 3,5 km de distância de ligação.

4.5.3 Análise do sistema 4 Fator de qualidade em caso de nevoeiro luminoso com divergência de feixe=0,25 mrad

Quadro 0.12 Análise do fator de qualidade do sistema 4 em condições atmosféricas de nevoeiro ligeiro

Divergência do feixe = 0,25 mrad a 4,28 dB/Km de nevoeiro luminoso	
Ligação Distância (km)	Fator de qualidade
1	8.38
2	8.42
2.5	8.46
3	8.51
3.5	8.56

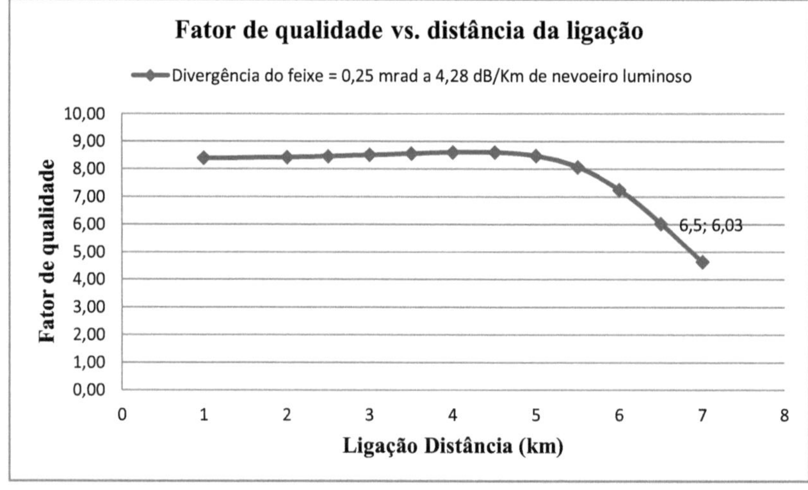

Fig. 0.13 Fator de qualidade vs. distância de ligação em caso de nevoeiro ligeiro com divergência de feixe=0,25 mrad

4.5.4 Análise do sistema 4 Min. BER com nevoeiro ligeiro e divergência de feixe=0,25 mrad

Quadro 0.13 Análise do sistema 4 Min. BER em caso de nevoeiro ligeiro com divergência de feixe=0,25 mrad

Divergência do feixe = 0,25 mrad a 4,28 dB/Km de nevoeiro luminoso	
Ligação Distância (km)	Min. RIC
1	1.51E-17
2	1.08E-17
2.5	7.88E-18
3	5.29E-18
3.5	3.36E-18
4	2.29E-18
4.5	2.29E-18
5	6.97E-18
5.5	2.03E-16
6	1.18E-13
6.5	4.72E-10
7	1.05E-06

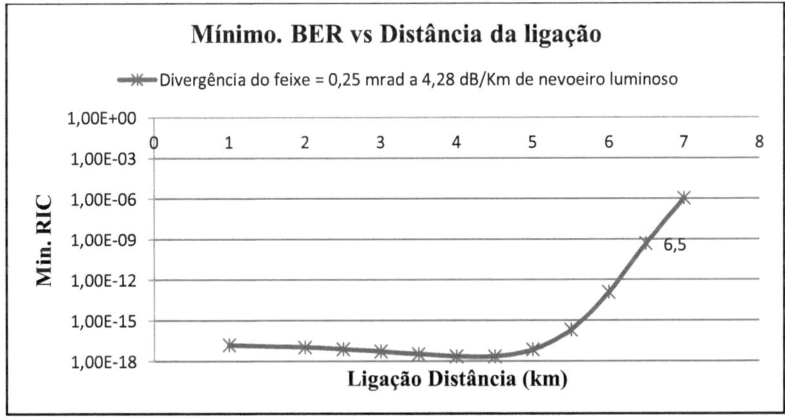

Fig. 0.14 Mínimo. BER vs Distância de ligação com nevoeiro ligeiro e divergência de feixe = 0,25 mrad

O sistema 4 pode transmitir dados até 6,5 km de distância com um nível aceitável de fator de qualidade e uma taxa mínima de erro de bits em condições atmosféricas de nevoeiro ligeiro.

4.5.5 Análise do fator de qualidade do sistema 4 em condições atmosféricas de chuva com divergência do feixe=0,25 mrad

Quadro 0.14 Análise do fator de qualidade do sistema 4 em condições atmosféricas de chuva

Divergência do feixe = 0,25 mrad à chuva (6,27 dB/Km)	
Ligação Distância (km)	Máximo. Fator de qualidade
1	8.39
2	8.46
3	8.60
3.5	8.59
4	8.27
4.5	7.20
4.7	6.81
4.8	6.52
4.9	6.20
5	5.87
5.5	4.10

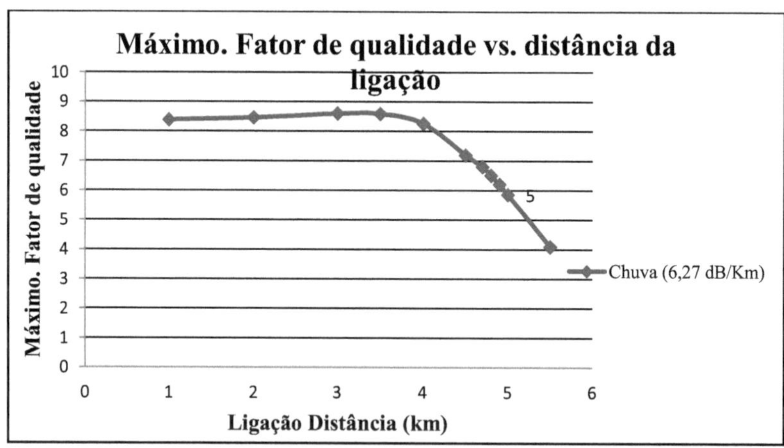

Fig. 0.15 Fator de qualidade vs. distância de ligação na chuva com divergência de feixe=0,25 mrad

O sistema 4 pode transmitir dados até uma distância de ligação de 5 km com um fator de qualidade aceitável em cada canal que transporta dados de 5 Gbps. Apresenta um melhor desempenho do que os outros sistemas 1, 2 e 3. O parâmetro de divergência do feixe melhora o desempenho do sistema.

4.5.6 Análise do sistema 4 Min. BER em condições atmosféricas de chuva com divergência de feixe=0,25 mrad

Quadro 0.15 Análise do sistema 4 com taxa de erro de bit mínima em condições atmosféricas de chuva

Divergência do feixe = 0,25 mrad à chuva (6,27 dB/Km)	
Ligação Distância (km)	Min. RIC
1	1.43E-17
2	7.83E-18
3	2.44E-18
3.5	2.53E-18
4	3.99E-17
4.5	1.68E-13
4.7	2.99E-12
4.8	2.15E-11
4.9	1.65E-10
5	1.30E-09
5.5	1.31E-05

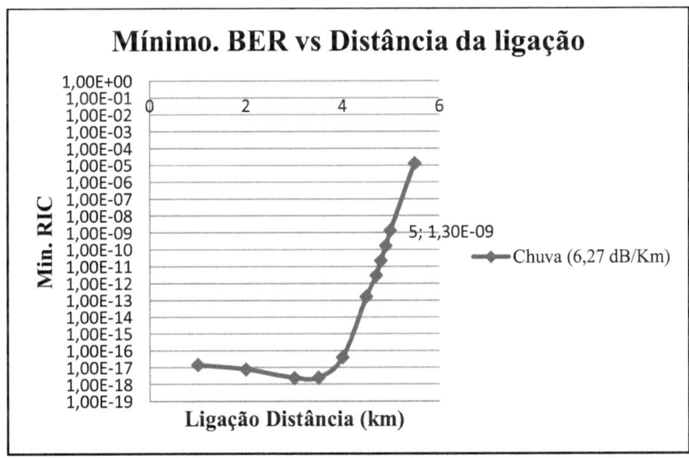

Fig. 0.16 Mínimo. BER vs Distância de ligação na chuva com divergência de feixe = 0,25 mrad

De acordo com a análise acima, o sistema 4 pode transmitir dados até 5 km em condições atmosféricas de chuva.

4.5.7 Análise do fator de qualidade do sistema 4 em condições atmosféricas de ar puro com divergência do feixe=0,25 mrad

Quadro 0.16 Análise do fator de qualidade do sistema 4 em condições atmosféricas de ar puro

Divergência do feixe = 0,25 mrad	
Condições atmosféricas: Ar limpo (0,2 dB/km)	
Ligação Distância (km)	Máximo. Fator de qualidade
1	8.32
2	8.39
3	8.39
4	8.41
5	8.42
6	8.47
10	8.50
12	8.52
14	8.55
16	8.58
18	8.59
20	8.61
21	8.61
25	8.60
26	8.58
28	8.55
32	8.39
34	8.28
36	8.13
38	7.94
40	7.72
42	7.47
44	7.18
46	6.87
48	6.54
50	6.19

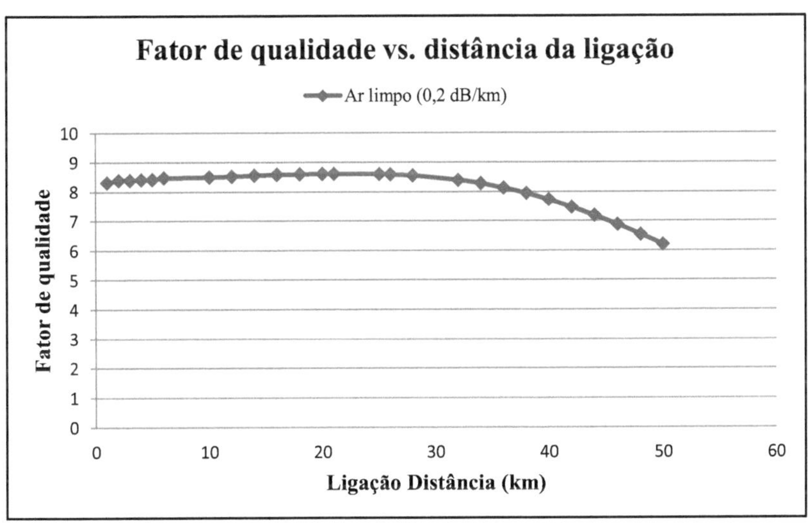

Fig. 0.17 Fator de qualidade versus distância de ligação em condições atmosféricas de ar puro com divergência de feixe=0,25 mrad

Na análise acima, observa-se que o sistema 4 pode transmitir os dados até 50 km em condições atmosféricas de ar puro com um fator de qualidade aceitável. Melhora o desempenho do sistema. Dá uma resposta mais eficaz do que o sistema 1, o sistema 2 e o sistema 3.

O fator de qualidade diminui à medida que a distância da ligação aumenta.

4.5.8 Análise de Min. BER do sistema 4 com divergência de feixe = 0,25 mrad em condições atmosféricas de ar puro

Quadro 0.17 Análise de Min. BER do sistema 4 em condições atmosféricas de ar puro

Divergência do feixe = 0,25 mrad	
Condição atmosférica: Ar limpo (0,2 dB/km)	
Ligação Distância (km)	Min. RIC
1	2.60E-17
2	1.46E-17
3	1.38E-17
4	1.22E-17
5	1.08E-17
8	7.47E-18
10	5.81E-18

12	4.54E-18
14	3.60E-18
16	2.93E-18
18	2.47E-18
20	2.20E-18
21	2.13E-18
25	2.40E-18
26	2.69E-18
28	3.78E-18
32	1.36E-17
34	3.68E-17
36	1.28E-16
38	5.77E-16
40	3.30E-15
42	2.33E-14
44	1.94E-13
46	1.81E-12
48	1.78E-11
50	1.75E-10

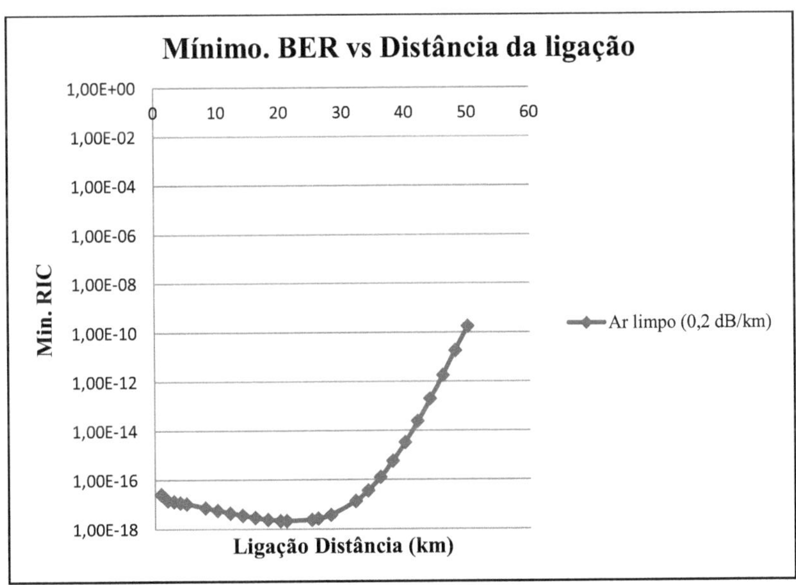

Fig. 0.18 Mín. BER vs Distância de ligação em condições atmosféricas de ar puro com divergência de feixe = 0,25 mrad

Na análise acima, observa-se que o sistema 4 pode transmitir os dados até 50 km em condições atmosféricas de ar puro com um limite aceitável de taxa mínima de erro de bits. Melhora o desempenho do sistema. Dá uma resposta mais eficaz do que o sistema 1, o sistema 2 e o sistema 3.

A taxa mínima de erro de bit aumenta à medida que a distância da ligação aumenta.

4.5.9 Análise do desempenho do Sistema 4 utilizando redes de fibra ótica em condições atmosféricas de chuva

Quadro 0.18 Resultados simulados comparativos do sistema 4 a uma distância de ligação de 2,5 km

Sistema 4	Máximo. Fator Q	Min. RIC
Sem grelha de fibra	8.40459	1.27E-17
Com grelha de fibra	15.249	5.04E-53

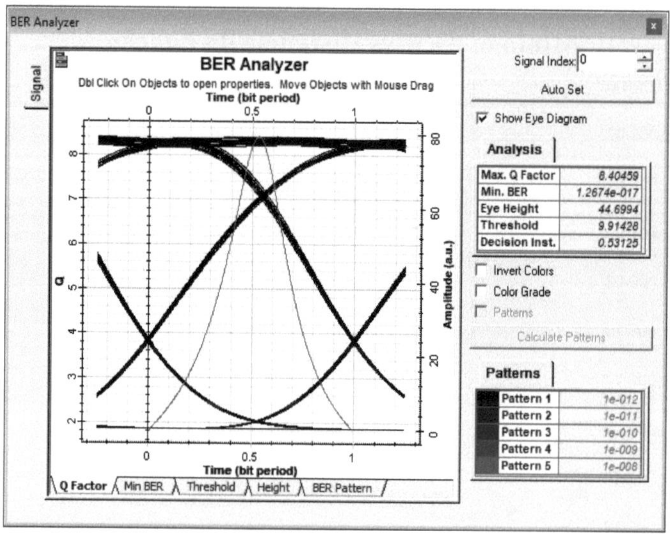

Fig. 0.19 Resultado simulado do sistema 4 canal 1 sem grelha de fibra a 2,5 km em condições atmosféricas de chuva 6,27 dB/km.

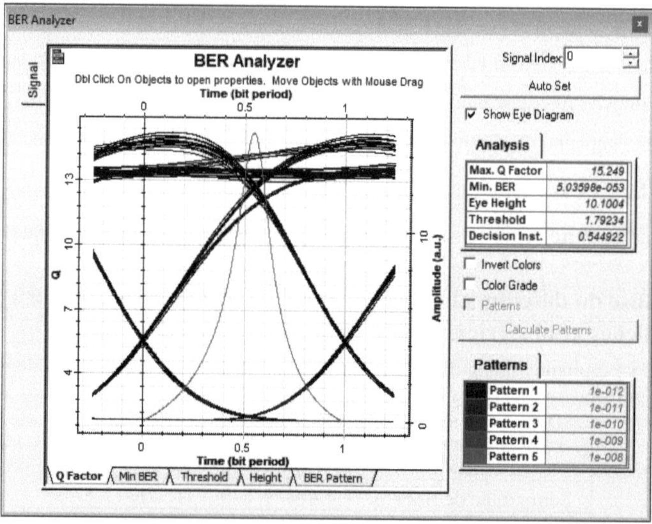

Fig. 0.20 Resultado simulado do sistema 4 canal 1 com rede de fibra a 2,5 km em condições atmosféricas de chuva 6,27 dB/km

4.5.10 Análise comparativa do fator Qualidade no Sistema 4 ao ar livre

Quadro 0.19 Análise comparativa do fator de qualidade no sistema 4 com ar puro

Condição atmosférica: Ar limpo (0,2 dB/km)		
Ligação Distância (km)	Sem grelha de fibra	Com grelha de fibra
	Máximo. Fator de qualidade	Máximo. Fator de qualidade
2	8.39	15.11
3	8.39	15.08
4	8.41	15.07
6	8.47	15.04
10	8.5	14.94
12	8.52	14.85
14	8.55	14.74
16	8.58	14.59
18	8.59	14.41
20	8.61	14.18
26	8.58	13.23
28	8.55	12.81
32	8.39	11.83
34	8.28	11.29
36	8.13	10.71
38	7.94	10.12
40	7.72	9.52
42	7.47	8.92
44	7.18	8.33
46	6.87	7.76
50	6.19	6.66
52	5.43	6.16

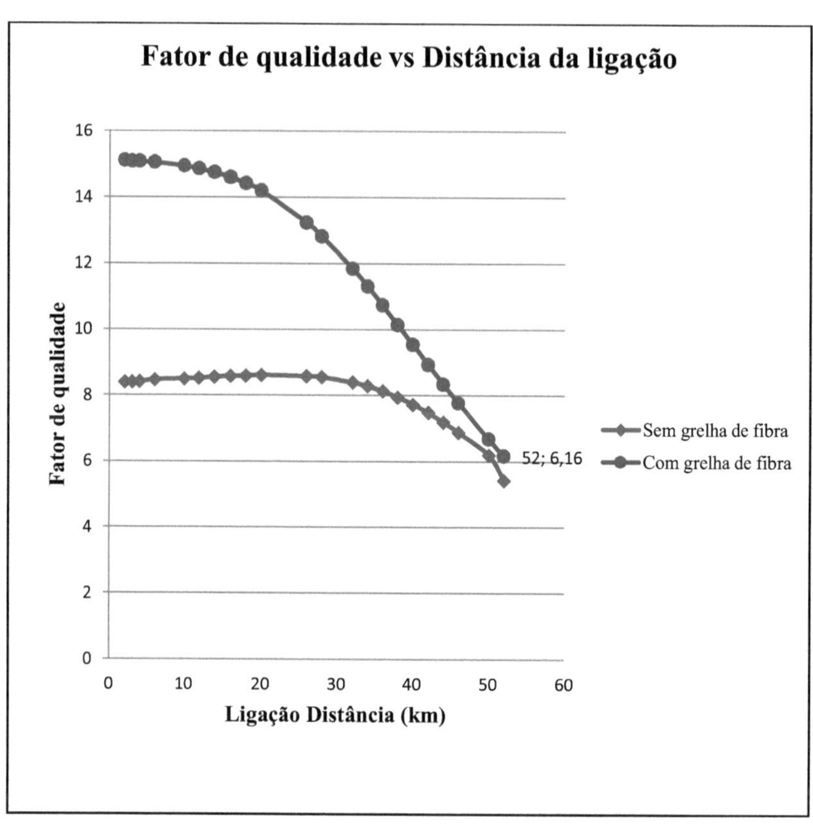

Fig. 0.21 Análise comparativa do fator de qualidade no sistema 4 em ar puro

Após a simulação do sistema 4 com grelha de fibra, observou-se que a grelha de fibra dá uma melhor resposta do que o sistema sem grelha de fibra. Este sistema 4 pode transmitir os dados até 52 km depois de reduzir o efeito de dispersão.

Quadro 0.20 Comparação dos sistemas propostos com trabalhos relacionados

Autor	Potência	Número de canais	Taxa de dados (Gbps)	Atenuação (dB/km)	Ligação Distância (km)
[1] em 2016	30 mW	8	5	3,5 dB/km	4 km
Sistema proposto 1	10dBm	32	5	4,28 dB/km	3,5 km
				6,27 dB/km	2,5 km

				0,2 dB/km	13 km
Sistema proposto 2	10dBm	32	5	4,28 dB/km	3 km
				6,27 dB/km	2,5 km
				0,2 dB/km	11 km
Sistema proposto 3	10dBm	32	5	4,28 dB/km	3,5 km
				6,27 dB/km	2,5 km
				0,2 dB/km	15 km
Sistema proposto 4	10dBm	32	5	4,28 dB/km	6,5 km
				6,27 dB/km	5 km
				0,2 dB/km	50 m

CAPÍTULO 5: CONCLUSÃO

O sistema DWDM FSO de 160 Gbps proposto é simulado com a ajuda do optisystem 7 utilizando diferentes técnicas de amplificação. O sistema DWDM FSO concebido utilizando a pós-amplificação EDFA conseguiu transmitir dados a 5 Gbps por canal a uma distância de ligação de 2,5 km, 3,5 km e 13 km para condições atmosféricas de chuva, nevoeiro ligeiro e ar puro, considerando um nível aceitável de taxa mínima de erro de bit e fator de qualidade.

O sistema DWDM FSO concebido com o amplificador Raman transmite os dados a uma taxa de dados de 5 Gbps por canal a uma distância de ligação de 2,5 km, 3 km e 11 km para condições atmosféricas de chuva, nevoeiro ligeiro e ar puro, respetivamente, considerando um nível aceitável de taxa mínima de erro de bit.

O sistema DWDM FSO concebido com o amplificador EDFA-Raman transmite os dados a uma taxa de dados de 5 Gbps por canal a uma distância de ligação de 2,5 km, 3,5 km e 15 km para condições atmosféricas de chuva, nevoeiro ligeiro e ar puro, respetivamente, considerando um nível aceitável de taxa de erro de bit mínima e fator de qualidade. A distância de transmissão de 2 km aumentou em ar puro utilizando a combinação híbrida de amplificador EDFA-Raman. Após a comparação dos resultados analisados, concluiu-se que a combinação híbrida do amplificador EDFA-Raman melhorou o desempenho do sistema DWDM e pode transmitir sinais até 15 km, melhorando a relação sinal/ruído ótico e reduzindo a taxa de erro de bit.

A combinação híbrida do amplificador EDFA-Raman proporciona uma melhor resposta do que o EDFA e o amplificador Raman. A resposta pós-amplificação do amplificador EDFA é melhor do que a do amplificador Raman.

O sistema 4 proposto transmite com sucesso 32×5 Gbps de dados até 6,5 km de distância em condições de nevoeiro ligeiro, 5 km em condições atmosféricas de chuva e 50 km em condições atmosféricas de ar puro com um nível aceitável de taxa de erro de bits e fator de qualidade.

Cada canal transmite uma velocidade de transmissão de dados de 5 Gbps. Este sistema proposto suporta uma transmissão total de dados de 160 Gbps. A rede de fibras melhora o fator de qualidade e os factores de taxa de erro de bits, melhorando assim o desempenho do sistema.

DIRECÇÃO FUTURA DOS TRABALHOS

Analisar o desempenho do sistema DWDM FSO utilizando diferentes funções de chirp da grelha de fibra para reduzir o efeito de dispersão. Este sistema pode ser testado com diferentes técnicas de modulação para reduzir a taxa de erro de bits e melhorar o fator de qualidade do sistema.

Resumo

Hoje em dia, dependemos da Internet para realizar as nossas tarefas diárias, como a faturação, o estudo em linha, os exames, a videoconferência, os exames baseados na IA, a banca, o marketing eletrónico, tudo isto não é possível sem uma Internet de alta velocidade. Para resolver este objetivo, propus um sistema FSO baseado em DWDM que pode fornecer uma elevada taxa de dados e uma baixa taxa de erro de bits. A nossa necessidade de ligar um maior número de utilizadores também é resolvida através desta combinação híbrida de técnicas DWDM e FSO. O sistema proporciona uma taxa de dados elevada, pelo que demora menos tempo a enviar informações e envia dados exactos devido a uma taxa de erro de bits inferior. Este sistema proposto pode ser utilizado no futuro para implementar uma rede de Internet rápida com baixo custo e baixa taxa de erro de bits.

Neste trabalho de investigação, o desempenho do sistema proposto foi melhorado através da utilização de técnicas de amplificação ótica para obter um fator de qualidade elevado, uma taxa de erro de bits baixa e uma taxa de transmissão elevada. Neste trabalho de investigação, o meu principal objetivo é reduzir a taxa de erro de bits, aumentar o fator de qualidade e aumentar a distância de transmissão. O sistema proposto transmite com êxito 32×5 Gbps de dados até 6,5 km em condições de nevoeiro ligeiro, 5 km em condições atmosféricas de chuva e 50 km em condições atmosféricas de ar puro com um nível aceitável de taxa de erro de bits e de fator de qualidade.

Referências:

[1]   "Nielsen's Law of Internet Bandwidth", *Nielsen Norman Group*, 2021. [Online]. Disponível: https://www.nngroup.com/articles/law-of-bandwidth/.

[2]   I. Ahmed, H. Karvonen, T. Kumpuniemi e M. Katz, "Wireless Communications for the Hospital of the Future: Requirements, Challenges and Solutions", *International Journal of Wireless Information Networks*, vol. 27, n.º 1, pp. 4-17, 2019. Disponível: 10.1007/s10776-019-00468-1.

[3]   A. Malik e P. Singh, "Free Space Optics: Current Applications and Future Challenges," *International Journal of Optics*, vol. 2015, pp. 1-7, 2015, doi: 10.1155/2015/945483.

[4]   M. A. Esmail, H. Fathallah, e M.-S. Alouini, "Outdoor FSO communications under fog: Attenuation modeling and performance evaluation", *IEEE Photonics J.*, vol. 8, no. 4, pp. 1-22, 2016.

[5]   S. Lath, R. Goyal e R. Kaler, "A Review on Free Space Optics with Atmospheric and Geometrical Attenuation", *Journal of Optical Communications*, vol. 37, no. 4, 2016. Disponível: 10.1515/joc-2016-0009.

[6]   S. Zabidi, M. Islam, W. Al-Khateeb e A. Naji, "Analysis of Rain Effects on Terrestrial Free Space Optics based on Data Measured in Tropical Climate", *IIUM Engineering Journal*, vol. 12, no. 5, 2012. Disponível: 10.31436/iiumej.v12i5.232.

[7]   A. Othonos e K. Kalli, "Fiber Bragg Gratings: Fundamentals and Applications in Telecommunications and Sensing". 1999.

[8]   A. K. Majumdar, "Introduction," in *Optical Wireless Communications for Broadband Global Internet Connectivity*, A. K. Majumdar, Ed. Elsevier, 2019, pp. 1-4.

[9]   S. Parkash, A. Sharma, H. Singh e H. P. Singh, "Performance Investigation of 40 GB/s DWDM over Free Space Optical Communication System Using RZ Modulation Format," *Advances in Optical Technologies*, vol. 2016, pp. 1-8, Feb. 2016, doi: 10.1155/2016/4217302.

[10]   D. Malik, G. Kaushik e A. Wason, "Otimização de desempenho de amplificadores ópticos para redes ópticas multilink de alta velocidade usando diferentes técnicas de modulação", *Journal of Optical Communications*, vol. 40, no. 4, pp. 333-340, 2019.

[11]   S. Kheris e B. Bouabdallah, "Study of the Corretion of Effects Chromatic Dispersion and Attenuation to Evaluate the Optical Transmission", *Journal of Optical Communications*, vol. 41, n.º 2, pp. 209-214, 2020. Disponível: 10.1515/joc-2019-0010.

[12]   A. Kumar e R. Randhawa, "Investigation of Performance Affecting Parameters on Hybrid Passive Optical Networks", *Journal of Optical Communications*, vol. 41, n.º 2, pp. 167-170, 2020. Disponível: 10.1515/joc-2017-0167.

[13]   A. S. Syed, S. R. Geraldin e P. Geethanjali, "Análise de compensação de dispersão do link de comunicação ótica usando FBG", *International Journal Of Engineering Research & Technology (IJERT) NCICCT*, (Ahmedabad), vol. 4, no. 19, 2018.

[14]   "Canais DWDM com números para a grelha de frequências da banda C com espaçamento de 100 GHz da ITU-T G.694.1", *Cbo-it.de*, 2021. [Online]. Disponível: https://www.cbo-it.de/en/blog/dwdm-channels-with-numbers-for-itu-t-g-694-1-100ghz-spacing-c-band-frequency-grid.html.

[15]   A. Kumar, A. Sharma, e V. K. Sharma, "Optical amplifier: A key element of high speed optical network," in *2014 International Conference on Issues and Challenges in Intelligent Computing Techniques (ICICT)*, 2014, pp. 450-452.

[16]   Rani e M. Singh, "Impact of Different Modulation Data Formats on DWDM System Using SOA With Narrow-Channel Spacing", *Journal of Optical Communications*, vol. 40, no. 4, pp. 435-439, 2019.

[17]   S. K. Modalavalasa e R. Miglani, "Análise do desempenho do sistema FSO para diferentes estratégias de amplificação", na *Conferência Internacional de 2020 sobre Computação Inteligente Emergente e Informática (ESCI)*, 2020, pp. 220-224.

[18]   G. Sharma e L. Tharani, "Avaliação do desempenho do FSO WDM baseado em fatiamento de espetro usando modulação MZM", *2ª Conferência Internacional de*

Engenharia de Microeletrônica e Telecomunicações (ICMETE) de 2018, 2018, pp. 210-214, doi: 10.1109/ICMETE.2018.00054.

[19]   A. Mahal e A. Vaish, "Analysis of Wavelength Division Multiplexing (WDM) Links bases Radio over free space Optics," in *2019 Third International Conference on Inventive Systems and Control (ICISC)*, 2019, pp. 679-681.

[20]   T. N. Khajwal, A. Mushtaq e S. Kaur, "Performance Analysis of FSO-SISO and FSO-WDM Systems under Different Atmospheric Conditions," *2020 7th International Conference on Signal Processing and Integrated Networks (SPIN)*, 2020, pp. 312-316, doi: 10.1109/SPIN48934.2020.9071116.

[21]   S. A. Al-Gailani *et al.*, "A Survey of Free Space Optics (FSO) Communication Systems, Links, and Networks," in *IEEE Access*, vol. 9, pp. 7353-7373, 2021, doi: 10.1109/ACCESS.2020.3048049.

[22]   S. V. Kartalopoulos, *Free space optical networks for ultra-broad band services (Redes ópticas de espaço livre para serviços de banda ultra-larga): Kartalopoulos/redes ópticas de espaço livre*. Hoboken, NJ: Wiley-Blackwell, 2011.

[23]   A. Anis, C. Rashidi, S. Aljunid e A. Rahman, "Avaliação da disponibilidade do sistema FSO em condições de neblina", *IOP Conference Series: Materials Science and Engineering*, vol. 318, p. 012077, 2018. Disponível: 10.1088/1757-899x/318/1/012077.

[24]   Md. B. Hossain, A. Adhikary e T. Z. Khan, "Performance Investigation of Different Dispersion Compensation Methods in Optical Fiber Communication", *Asian Journal of Research in Computer Science*, pp. 36-44, abril de 2020, doi: 10.9734/ajrcos/2020/v5i230133.

[25]   D. Killinger, "Free space optics for laser communication through the air", *Opt. Photonics News*, vol. 13, no. 10, p. 36, 2002.

[26]   M. Dabiri and S. Sadough, "Performance Analysis of All-Optical Amplify and Forward Relaying Over Log-Normal FSO Channels", *Journal of Optical Communications and Networking*, vol. 10, no. 2, p. 79, 2018. Disponível: 10.1364/jocn.10.000079.

[27]   K. Dautov, N. Kalikulov e R. C. Kizilirmak, "The Impact of Various Weather Conditions on Vertical FSO Links", *2017 IEEE 11th International Conference on Application of Information and Communication Technologies (AICT)*, 2017, pp. 1-4, doi: 10.1109/ICAICT.2017.8687029.

[28]   M. A. Khalighi e M. Uysal, "Survey on Free Space Optical Communication: A Communication Theory Perspective", em *IEEE Communications Surveys & Tutorials*, vol. 16, no. 4, pp. 2231-2258, quarto trimestre de 2014, doi: 10.1109/COMST.2014.2329501.

[29]   A. B. Mohammad, "Otimização do sistema FSO em clima tropical utilizando feixes múltiplos," *2014 IEEE 5th International Conference on Photonics (ICP)*, 2014, pp. 109-112, doi: 10.1109/ICP.2014.7002326.

[30]   N. Xiaolong, Y. Haifeng, L. Zhi, C. Chunyi, M. Ce e Z. Jiaxu, "Estudo experimental da influência da turbulência atmosférica no sistema de comunicação FSO," *Conferência de Comunicações e Fotónica da Ásia (ACP) 2018*, 2018, pp. 1-3, doi: 10.1109/ACP.2018.8595720.

[31]   P. Colvero, M. C. R. Cordeiro e J. P. von der Weid, "Sistemas FSO: Rain, drizzle, fog and haze attenuation at different optical windows propagation," *2007 SBMO/IEEE MTT-S International Microwave and Optoelectronics Conference*, 2007, pp. 563-568, doi: 10.1109/IMOC.2007.4404328.

Printed by Books on Demand GmbH, Norderstedt / Germany